DAS UNIVERSUM

Von Dr. Norbert Pailer

Tessloff Verlag

Vorwort

Der Kosmos liegt jenseits aller Vorstellungen, was seine Größe und Schönheit, sein Entstehen und sein Vergehen betrifft. Dennoch gibt es auf einem kleinen, unscheinbaren Planeten, der am Rande einer Galaxie einen nicht besonders auffallenden Stern umkreist, ein neugieriges Wesen, das immer tiefer in seine Geheimnisse eindringen will.

Den Rätseln und Phänomenen des Kosmos stehen auf der Erde eine kleine Gruppe von Astronomen, Physikern und Weltraumtechnikern gegenüber. Von Sternwarten aus verfolgen sie das Geschehen im Weltall oder schicken Teleskope in eine Erdumlaufbahn jenseits unserer störenden Atmosphäre. Sonden operieren bereits in einer Entfernung von mehreren Milliarden Kilometern – doch eigentlich ist das nur ein lächerlicher Katzensprung angesichts der gewaltigen Dimensionen des Universums.

> **DANKSAGUNG**
> Ein Buch für Jugendliche über ein kompliziertes und stark vernetztes, aber sehr aktuelles Thema zu schreiben, ist auf vielen Ebenen eine Herausforderung.
> Herr Dr. Roland Nord hat mir dabei mit seiner weitreichenden Erfahrung in wissenschaftlich-technischen Aspekten über die Schulter geschaut. Dankbar bin ich für eine vielfältige Flankierung durch Jugendliche, mit denen ich vereinfachende Darstellungen diskutierte ohne Inhalte zu entstellen: meinem Sohn Oliver, Tobias Benz und Johannes Laumann. Den Herren Götz Wange und Matthias Pikelj danke ich für die weitreichende Unterstützung stellvertretend für die Raumfahrt-initiative Deutschland RID.
> Der Verlag, insbesondere meine Lektorin Frau Dr. Heike Herrmann, hat viel Geduld und Verständnis aufgebracht für manchen Sonderwunsch, der sehr einfühlsam von dem Grafiker, Herrn Johannes Blendinger, umgesetzt wurde.

Die wichtigste Informationsquelle, die uns aus den Tiefen des Universums erreicht, ist die elektromagnetische Strahlung. Dazu gehört unter anderem das Licht, das wir mit bloßem Auge sehen können. Daneben bleiben den Wissenschaftlern zur Erkundung des Weltraums nur noch hochenergetische Teilchen, ein paar Meteorite und einige Kilogramm Mondgestein, denn bis heute gibt es noch keine weitere Probenrückführung von Planeten- und Mondoberflächen. Auch der nächste Stern ist für unsere heutigen technischen Mittel unerreichbar weit entfernt.

Trotz allem haben wir schon detailreiche Einblicke gewonnen, aber auch einsehen müssen, dass uns deutliche Grenzen gesetzt sind.

Diese Grenzen zu erweitern, ist ein Ziel der Wissenschaftler. In diesem Sinne sind Astronomen die eigentlichen Abenteurer unserer Zeit.

Dr. Norbert Pailer

■ Dieses Buch ist auf chlorfrei gebleichtem Papier gedruckt.

BILDQUELLENNACHWEIS:

FOTOS: Archiv für Kunst und Geschichte/Berlin: S. 73ml; Astrium GmbH: S. 4-5, 16-17, 18, 21or, 21ml, 21ul, 23, 25, 26or, 31o, 32, 33, 57r, 68u, 69u; Astrofoto/Leichlingen: S. 1, 6, 7, 8u, 9, 10, 21ol, 28u, 29, 30u, 38-39, 46-47, 47u, 48, 54o, 55u, 56or, 56u, 58, 59l, 61, 64ur, 70-71, 73o, 73u, 78, 79, 80; Bildarchiv preussischer Kulturbesitz/Berlin: S. 77; CERN: S. 36; Deutsches Museum/München: S. 12, 20ml; DLR/Oberpfaffenhofen: S. 37; dpa/Frankfurt: S. 20r; DWD/Offenbach: S. 27, 28o; ESA: S. 51; ESO/Astronomy/Elisabeth Rowan: S. 75u, 76u; ESO/Garching: S. 75o, 76o, 35u; Focus Bildagentur/Hamburg: S. 22u, 34u; Max-Planck-Institut/Garching: S. 31u; Max-Planck-Institut für Radioastronomie/Bonn: S. 35; NASA: S. 19, 26ol, 43, 52m, 53, 60u, 62, 63, 64o, 64ul, 66, 67, 68o, 72; NASA/JPL: S. 49, 50; NASA/JPL/RPIF/DLR: S. 22o, 30o, 40, 41, 42, 44, 45, 47o, 52o, 52u, 54u, 55o, 56ol, 57l, 59ur, 60o, 60m, 69o; NASA/Langley: S. 24; Picture Press Bildagentur/Hamburg: S. 34o; STSCI/NASA: S. 80, 59or, 65;

UMSCHLAGFOTOS: Astrofoto/Leichlingen, Astrium GmbH, Max Planck-Institut für Radioastronomie/Bonn;
ILLUSTRATIONEN: Anton Atzenhofer/Nürnberg: Informationskästchen, Derek Easterby: S. 13; Johannes Blendinger/Nürnberg: S. 14-15, 38-39, 71o, 74, 77;

Copyright © 2000 Tessloff Verlag, Burgschmietstraße 2-4, 90419 Nürnberg. http://www.tessloff.com
Die Verbreitung dieses Buches oder von Teilen daraus durch Film, Funk oder Fernsehen, der Nachdruck, die fotomechanische Wiedergabe sowie die Einspeicherung in elektronischen Systemen sind nur mit Genehmigung des Tessloff Verlages gestattet.

ISBN 3-7886-0813-7

Inhalt

Erforschung des Weltraums – ein ewiger Menschheitstraum

Wie stellte man sich den Kosmos früher vor? **4**

Wann entdeckte man, dass die Erde keine Scheibe ist? **6**

Was passierte in der Geburtsstunde des Kosmos? **7**

Wie könnte unser Planetensystem entstanden sein? **7**

Was ist ein Planetensystem? **9**

Was sind Galaxien? **10**

Was verstehen wir unter einem Mikro- und einem Makrokosmos? **11**

Warum sind Modellvorstellungen wichtig? **12**

In welchen Dimensionen denken Weltraumforscher? **14**

Gibt es einen Maßstab für den Kosmos? **14**

Technik erschließt fremde Welten

Was verstehen wir unter dem Begriff Weltraum? **16**

Was ist Raumfahrt? **18**

Wie begann der Weg in den Weltraum? **19**

Welche Signale erreichen uns von den Sternen? **21**

Wie verrät das Licht die Geheimnisse der Sterne? **22**

Welche technischen Anforderungen werden an Satelliten und Sonden gestellt? **23**

Was ist ein Fly-By-Manöver? **25**

Satelliten und Sonden im All **26**

Unsere kosmische Adresse **27**

Wie entwickelte sich die Röntgenastronomie? **32**

Welche Röntgenteleskope gibt es im Weltall? **33**

Welche Aufgabe haben erdgebundene Teleskope? **34**

Was messen Sternwarten tief unter der Erde? **36**

Kann man Satelliten auch von der Erde aus reparieren? **37**

Eroberung des Planetenraumes

Was erwartet uns im Planetenraum? **38**

Welche Ordnung herrscht im Planetensystem? **39**

Welche Rolle spielt unsere Sonne? **40**

Warum wird Merkur der Planet der Extreme genannt? **43**

Warum ist die Venus noch immer ein rätselhafter Planet? **44**

Wird der Mond bald ein Außenposten der Erde? **46**

Welche Aufgabe hatte die Viking-Sonde auf dem Mars? **48**

Gibt es doch Leben auf dem Mars? **49**

Wird die Suche nach Leben auf dem Mars fortgesetzt? **50**

Was macht die Gasriesen so interessant? **52**

Was zeichnet die Mondwelt der äußeren Planeten aus? **56**

Ist Pluto wirklich ein Planet? **59**

Warum werden Kometen als „Brösel" der Schöpfung bezeichnet? **60**

In welcher Mission ist Stardust unterwegs? **61**

Welches Reiseziel hat die Sonde Rosetta? **62**

Der Griff nach den Sternen

Wie viele Sterne hat der Kosmos? **64**

Was ist Dunkle Materie? **65**

Wie verhalten sich Objekte in einer Galaxie? **65**

Die Reparatur des Hubble-Weltraumteleskops im Dezember 1999 **66**

Der Blick durch das Hubble-Teleskop **67**

Was wissen wir über Schwarze Löcher? **72**

Können wir Schwarze Löcher nachweisen? **73**

Was verstehen wir unter einem Ereignishorizont? **74**

Wie soll das größte Teleskop der Welt aussehen? **75**

Hat das Weltall eine Grenze? **77**

Begrenzt die Raumkrümmung das Weltall? **78**

Kein Platz für Außerirdische? **79**

Leben wir in einem Universum nach Maß? **80**

Erforschung des Weltraums – ein ewiger Menschheitstraum

Der prachtvolle Anblick der auf- oder untergehenden Sonne, die wechselnden Mondphasen und die Wanderung unendlich vieler Sterne über das dunkle Himmelsgewölbe bieten seit jeher ein grandioses Schauspiel und ein faszinierendes Rätsel gleichermaßen.

Wie stellte man sich den Kosmos früher vor?

Seit Jahrtausenden hat der Sternenhimmel Forscher und Gelehrte in seinen Bann gezogen und sie über seine Geheimnisse staunen lassen. Die Astronomie ist eine der ältesten Wissenschaften und ihre Gelehrten haben schon früh den Himmel systematisch beobachtet und versucht, den Aufbau des Universums zu erklären.

In der Antike vor Tausenden von Jahren sah man zunächst die Erde als eine Scheibe im Mittelpunkt des Weltalls an (= geozentrisches Weltbild). Der Himmel war eine Art Kuppel. An diesem Himmelsgewölbe waren die Sterne befestigt, die wie ein Uhrwerk über das Firmament zogen. In ihren Mustern glaubte man, vertraute Gestalten aus alten Legenden zu erkennen. Außerhalb dieser Kuppel war das Ende des Alls und das Reich der Götter begann. Sie kontrollierten den Tag und die Nacht, Sonnen- und Mondfinsternisse und bestimmten den Lauf der Sterne. Kometenerscheinungen wurden meist als schlechte Vorzeichen und als eine Störung dieser himmlischen Ordnung gewertet.

Bald kamen für viele Kulturen zu den religiösen Deutungsversuchen der Sternenbahnen und -bilder ganz praktische Gründe für die Sternenbeobachtung hinzu.

Bei den Ägypter ging es zum Beispiel um die Vorherbestimmung der immer wiederkehrenden Nilüberschwemmungen. Für die Bewohner war es eine Frage des Überlebens, die Regelmäßigkeit der Überflutungen zu erkennen und vorhersagen zu können, denn das Hochwasser bedeckte das umliegende Land mit fruchtbarem Schlamm. Schriftliche Überlieferungen zeigen uns, dass sie das erste Erscheinen des Sirius im Jahr am Morgenhimmel heranzogen, um den Zeitpunkt der Nilüberschwemmung zu bestimmen.

Aus diesen praktischen Bedürfnissen heraus entstanden auch die ersten Kalender, die die Anzahl der Tage eines Jahres entweder nach Mond- oder Sonnenumläufen berechneten.

Seit den Anfängen der Schifffahrt versuchten auch die Seefahrer, sich anhand der Sterne zu orientieren. Sobald das Land außer Sicht war, konnten sie den Standort und den Kurs ihrer Schiffe nur noch durch die Sternpositionen bestimmen (= navigieren).

Auch heute ermitteln die so genannten Navigationssatelliten, die Positionsbestimmungen für Schiffe und Flugzeuge ermöglichen, ihre eigene hochgenaue Ausrichtung noch immer direkt mit Hilfe der Sterne. Die Erkundung des Weltraums hatte also schon seit Beginn mit ganz praktischen Lösungen von Problemen auf unserer Erde zu tun.

Sonden und Satelliten werden von der Erde aus losgeschickt, um unser Planetensystem und das Universum zu erforschen.

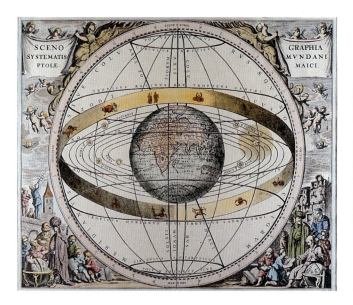 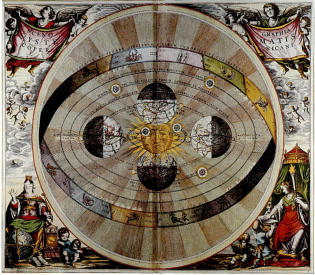

Das Weltall mit der Erde als Zentrum wie es sich der griechische Astronom Ptolemäus (100 - 160 n. Chr.) vorgestellt hat (links) und das heliozentrische Weltbild des Kopernikus (rechts). Beide zeigen das Band der Tierkreiszeichen.

Wann entdeckte man, dass die Erde keine Scheibe ist?

Nicht alle Forscher und Gelehrten glaubten an das traditionelle geozentrische Weltbild. Nach ihren Beobachtungen und Berechnungen war die Erde keine Scheibe, sondern eine Kugel, die auch nicht den Mittelpunkt des Weltalls darstellte. Schon der griechische Philosoph Plato (427 - 347 v. Chr.) und der Astronom Aristarchos von Samos (310 - 230 v. Chr.) lehrten, dass nicht die Sterne um die Erde kreisen, sondern die Erde sich auf einer bestimmten Bahn um die Sonne bewegt.

Im Mittelalter war es der Mathematiker und Astronom Nikolaus Kopernikus (1473 - 1543), der zuerst im Zentrum der Auseinandersetzung zwischen dem traditionell bestimmten und einem neuen Weltbild stand. Seine Beobachtungen fasste er in seinem Buch „Über die Umläufe der Himmelskörper" zusammen. Darin behauptete er, dass die Erde ein Planet sei, der um die Sonne als Mittelpunkt kreise (= heliozentrisches Weltbild). Leider konnte er seine Theorie nicht beweisen.

Erst eine sensationelle technische Neuerung, die Erfindung des Fernrohres, half weiter. Himmelsbeobachtungen, Berechnungen und Experimente machten es erforderlich, traditionellen Ansichten über die Struktur und den Aufbau des Kosmos kritisch zu begegnen und sich unvoreingenommen neuen Erkenntnissen zu stellen.

Galileo Galilei (1564 - 1642), ein italienischer Gelehrter, entdeckte mit seinem einfachen Fernrohr die vier hellsten Jupitermonde und beobachtete deren Bewegungen um den Jupiter. Offensichtlich kreisen nicht alle Himmelskörper um die Erde. Er sah darin eine weitere Bestätigung des heliozentrischen Weltbilds.

Historische Darstellung der Erde als Scheibe. Über ihr spannt sich das Himmelsgewölbe auf, an dem die Himmelskörper befestigt sind.

WELT OHNE MITTE

Die frühen Himmelsbeobachtungen und ihre Auswertung bildeten die Grundlage für die moderne Astronomie. Mit Hilfe immer raffinierterer Techniken können wir mehr und mehr Geheimnisse des Universums enträtseln; allerdings stoßen wir auch immer auf neue Grenzen.

Diese Erkenntnisse betreffen aber auch das Selbstverständnis des Menschen und die Frage nach seiner Rolle im Kosmos. Es hat lange gedauert, bis die Menschen eingesehen haben, dass sie sich mit ihrer Erde nicht im Mittelpunkt des Sonnensystems befinden, sondern letztlich in einer Welt ohne Mitte.

MATERIE-ANTIMATERIE

Laborexperimente sagen uns, dass in einem Urknall Materie gemeinsam mit der so genannten Antimaterie (= gleiche Masse, aber Ladung mit umgekehrten Vorzeichen) in gleichen Anteilen entstanden sein müsste. Wenn allerdings beide Materiearten aufeinander treffen, vernichten sie sich unter Freisetzung eines Energieblitzes. Es ist daher nur schwer zu verstehen, dass es im Kosmos nicht einfach nur Licht gibt, sondern auch Materie. Am Anfang müsste deshalb ein Ungleichgewicht dafür gesorgt haben, dass es einen Materiekosmos gibt.

Was passierte in der Geburtsstunde des Kosmos?

Die Urknalltheorie ist ein Versuch, die Entwicklung des Weltalls mit den Gesetzen der Physik zu erklären. Die Idee ist, dass das Weltall vor langer Zeit aus einem Zustand unvorstellbar hoher Dichte und beliebig kleiner Dimension hervorging, indem es sich plötzlich explosionsartig ausdehnte (= Inflation). Dabei soll sich ein Gebilde von der Größe einer Stecknadelspitze innerhalb einer milliardstel Sekunde in unvorstellbar riesige Dimensionen kosmischen Ausmaßes entwickelt haben.

Diese „Geburtsphase" bezeichnet man deshalb als Urknall. Er soll vor rund 15 Milliarden Jahren stattgefunden haben, und seither soll sich der Kosmos immer weiter ausdehnen (= Expansion des Weltraums).

Wie könnte unser Planetensystem entstanden sein?

Folgt man der Urknalltheorie, so sollen sich einige Zeit danach gigantische Sterneninseln (= Galaxien), darunter auch unsere Milchstraße, entwickelt haben. In den folgenden Jahrmilliarden wurden immer wieder neue Sterne geboren. Manche dieser Sterne leuchten über viele Jahrmilliarden, andere sterben schneller.

Vor ungefähr 4,6 Milliarden Jahren bildete sich nach den heutigen Modellvorstellungen unser Sonnensystem aus – in einem Bereich der Milchstraße, der durch nichts Besonderes gekennzeichnet war. Aus einem zunächst extrem verdünnten Gas-Staub-Nebel entstand durch Verdichtung ein Stern – unsere Sonne – mit all den Planeten, die sie umgeben. Diese Entstehungsge-

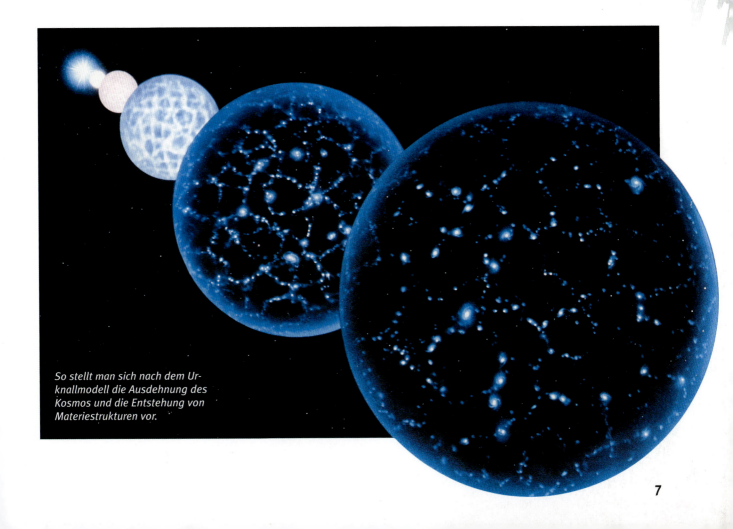

So stellt man sich nach dem Urknallmodell die Ausdehnung des Kosmos und die Entstehung von Materiestrukturen vor.

7

schichte des Planetensystems ist noch voller Rätsel und Fragen, auf die es teilweise bis heute keine schlüssigen Antworten gibt.

Viele Überlegungen und Theorien deuten auf sehr komplizierte Vorgänge hin. So hat man beispielsweise herausgefunden, dass sich – nachdem die Sonne entstanden war – eigentlich viel eher durch die Verdichtung der Nebelreste ein Zwergstern hätte bilden müssen. Die Entstehung eines vielfältigen Planetensystems war eher unwahrscheinlich. Wesentlich häufiger finden die Astronomen im Weltall nämlich Doppel- und Mehrfach-Sternsysteme, die aus einer Sonne und einem oder mehreren Zwergsternen als Begleiter bestehen.

Wie können wir uns also dann die Entstehung unseres Planetensystems vorstellen? Die Wissenschaftler scheinen eine Antwort gefunden zu haben. Die Bildung der Planeten muss mit einer Katastrophe verbunden gewesen sein: Danach soll – während der kritischen Entwicklungsphase des solaren Urnebels – in geringer Entfernung der Durchgang eines Sterns erfolgt sein. Dieser explodierte ausgerechnet in diesem Moment (= Supernova). Die damit verbundenen Stoßwellen könnten die notwendigen Voraussetzungen für die Planetenbildung geschaffen haben.

Das klingt schon fast wie Sciencefiction, doch die Wissenschaftler haben vielleicht Hinweise für diese sehr unwahrscheinlich klingende Theorie gefunden: Am 8. Februar 1969 wurde in Chihuahua, Mexiko, ein Meteorit gefunden. Durch die genaue Analyse des Gesteins konnten die Wissenschaftler nachweisen, dass der Meteorit aus unserem Sonnensystem stammt, aber auch chemische Einschlüsse zeigt, die nur von einer Supernova verursacht werden konnten.

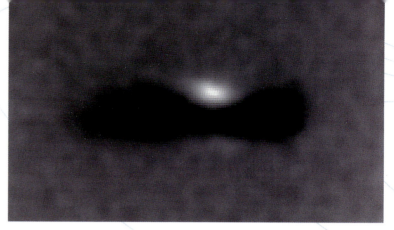

Blick auf eine protoplanetare Scheibe im Orionnebel, die für ein aktives Stern- und Planetenentstehungsgebiet gehalten wird.

GIBT ES EINEN SCHÖPFER DES WELTALLS?

Einige Wissenschaftler vertreten die Meinung, dass beim Urknall so viele unwahrscheinliche Voraussetzungen (= Designmerkmale) nötig waren, dass man nur schwer an einen Zufall glauben kann. Es sieht so aus, als ob hinter der Geburt des Kosmos der Plan eines intelligenten Urhebers steckt.

Die Physik und Astronomie können weder beweisen noch widerlegen, dass es für das Weltall einen Schöpfer gibt. Es wird deshalb immer ein „Geheimnis am Ende der Welt" geben, und Philosophen, Theologen und Kosmologen werden jeweils ihre eigenen Antworten auf die Frage nach der Entstehung haben.

Die Illustration zeigt, wie man sich die Entstehung unserer Planeten aus einer Gas-Staub-Scheibe vorstellen kann.

Unser Planetensystem: Um die Sonne im Zentrum kreisen die Planeten Merkur, Venus, Erde, Mars, Jupiter, Saturn, Uranus, Neptun und Pluto (Illustration, nicht maßstabsgerecht).

Was ist ein Planetensystem?

Der Sammelbegriff „Planeten- oder Sonnensystem" umfasst einen Stern oder eine Sonne und alles, was diese umkreist.

Im Falle unserer Sonne sind das im Wesentlichen die neun Planeten mit ihren Monden, Asteroiden, Kometen, eine Ansammlung von Eiskörpern jenseits der Plutobahn und eine interplanetare Gas- und Staubwolke.

Charakteristisch für ein Sonnensystem sind Planetenkörper, die sich in nahezu kreisförmigen Bahnen um den Zentralstern bewegen: Sie halten sich alle etwa in der gleichen Bahnebene auf und haben den gleichen Umlaufsinn.

Sie sollen nach heutigem Verständnis gemeinsam mit den kleineren Objekten, wie zum Beispiel den Asteroiden, durch Zusammenballen einer aus Gas und feinem Staub bestehenden Wolke – dem so genannten solaren Urnebel – entstanden sein.

In einem Planetensystem ist die Sonne oder der Zentralstern der einzige Körper, der von sich aus leuchtet. Planeten werden im dunklen Weltraum nur dadurch sichtbar, dass sie wie riesige Spiegel das Sonnenlicht reflektieren.

Auch Kometen, deren Kerne nur einige Kilometer groß sind, leuchten, weil das von ihnen freigesetzte Material aus Gas und Staub von der Sonne beleuchtet wird. Sie bewegen sich im Gegensatz zu Planeten typischerweise auf elliptischen Bahnen.

Durch die Anziehungskraft anderer Himmelskörper können dabei ihre Bahnen so verändert werden, dass sie unser Planetensystem verlassen. Auf die gleiche Weise könnten wir natürlich Besuch von Kometen fremder Systeme erhalten. Bis heute konnte ein solches Ereignis aber noch nicht beobachtet werden.

Milchstraße ist eine harmlos klingende Bezeichnung für das gewaltige „Feuerrad" im Universum, zu dem unsere Sonne als einer von 100 Milliarden Sternen gehört.

Unser Sonnensystem braucht zum Beispiel für nur einen einzigen Umlauf um die Achse unserer Milchstraße ungefähr 240 Millionen Jahre, obwohl es mit einer Geschwindigkeit von rund 800 000 km/h umläuft.

Was sind Galaxien?

Galaxien sind eigenständige „Sternenkolonien", also durch die Gravitation zusammengehaltene riesige Sternensysteme. So wie sich schon das Alter des Universums schwer abschätzen lässt, so liegt auch der Ursprung der Galaxien nach wie vor im Dunkeln. Vielleicht entstanden sie eine halbe Milliarde Jahre nach dem Urknall durch das Zusammentreffen und die Verdichtung von Gas- und Staubwolken.

Auch unsere Milchstraße ist eine Galaxie mit rund 100 Milliarden Sonnen, von denen wir von der Erde aus rund 6 000 mit bloßem Auge sehen können. Sie ist sozusagen unsere „Heimatgalaxie". Dabei ist unsere Sonne mit ihren neun Planeten in dem so genannten Orionarm etwa auf halbem Weg vom Zentrum nach

ATOME sind keine unteilbaren Einheiten der materiellen Welt, auch wenn „atomos" im Griechischen „unteilbar" heißt. Vielmehr sind sie eine Art Energieknäuel. Atome besitzen einen Kern. Dieser Atomkern besteht aus Protonen und Neutronen. Um ihn kreisen Elektronen. Protonen haben eine positive Ladung, Elektronen eine negative. Neutronen sind ungeladen. Protonen und Neutronen als Kernteilchen bestehen wiederum aus noch kleineren Teilchen, den so genannten Quarks.

außen gelegen. Wenn wir in klaren Nächten die Milchstraße als helles Band zahlloser Sterne erkennen können, dann befinden wir uns also eigentlich in diesem Sternenwirbel mittendrin. Wir sehen jeweils in der Ebene der Galaxienscheibe sowohl nach innen als auch nach außen in Richtung Rand unserer Milchstraße.

Am Anfang des 20. Jahrhunderts gab es noch nicht so leistungsstarke Teleskope wie heute. Die Astronomen waren sich nicht einig, ob die am Himmel sichtbaren „Nebel" Teile unseres Milchstraßensystems seien oder riesige fremde Galaxien in großer Entfernung. Erst der amerikanische Astronom Edwin Hubble (1889 – 1953) konnte in seinen Ar-

beiten zeigen, dass diese Nebel meist aus Milliarden weit entfernter fremder Sterne im Weltraum bestehen. Nach ihm wurde das Hubble-Weltraumteleskop, das gegenwärtig größte Weltraumobservatorium, benannt.

Zu der Erkundung und dem Verständnis des Kosmos – man spricht wegen seiner Größe vom Makrokosmos – gehört auch die Erforschung kleinster Welten, aus denen wir und der ganze Kosmos aufgebaut sind. Wir nennen den Bereich der kleinsten Teilchen den Mikrokosmos, sozusagen den kleinen Kosmos.

Der Gedanke, dass unsere Welt lediglich aus einigen wenigen grundlegenden Stoffen besteht, ist keineswegs neu. Schon die alten Griechen glaubten, alle Materie setze sich aus den „vier Elementen" Erde, Feuer, Luft und Wasser zusammen. Heute kennen wir über 100 Grundstoffe, chemische Elemente genannt. In der Natur kommen davon 88 vor; den Rest bilden instabile, nur im Labor für kurze Zeit nachweisbare Elemente. Sie bestehen alle aus Atomen als kleinster Einheit und zeigen noch Eigenschaften des Elements. Aufgebaut sind sie wie eine Art Mikrokosmos mit einem Atomkern im Zentrum, um den Elektronen als Trabanten kreisen.

Auf diese chemischen Elemente lässt sich die unübersehbare Vielfalt von Erscheinungsformen in der Natur, der Zusammenhalt von Galaxienhaufen, der Aufbau einer Schneeflocke oder eben auch der Aufbau aller Lebewesen zurückführen.

Was verstehen wir unter einem Mikro- und einem Makrokosmos?

RIESIGE DIMENSIONEN

Der folgende, einfache Vergleich soll uns eine Idee von den herrschenden Dimensionen der Milchstraße geben: Die rund 100 Milliarden Sterne entsprechen etwa der Zahl Reiskörner, die in dem Raum einer Kirche mittlerer Größe untergebracht werden können, wenn diese bis unter das Dach gefüllt wird. Unsere Milchstraße besteht jedoch zum größten Teil aus leerem Raum. Wenn wir ein Modell bauen würden, in dem die Sterne durch Reiskörner dargestellt sind, dann müssten wir etwa eine Handvoll auf die Fläche Europas verstreuen, um nur alleine die Sterndichte in der Sonnenumgebung nachzubilden. Der Durchmesser des gesamten Milchstraßenmodells wäre in diesem Maßstab etwa 400 000 Kilometer, also etwas mehr als die Entfernung von der Erde zum Mond. Im astronomischen Längenmaß ausgedrückt ist der Durchmesser der Galaxie so groß, dass das mit 300 000 Kilometer pro Sekunde reisende Licht zum Durchqueren nahezu 100 000 Jahre braucht.

Warum sind Modellvorstellungen wichtig?

Die Naturwissenschaft ist sicher ein ungeheuer hilfreiches Verfahren, um unsere komplizierte Welt in systematischer Weise zu erkunden. Unsere Experimente sind dabei eine Art Gespräch mit der Natur, das ihre Geheimnisse erschließen hilft.

Mit den Rohdaten, die wir sammeln, können wir aber ohne Gedankenmodelle nichts anfangen. Deshalb brauchen wir Theorien. Sie sind also zunächst eine reine Hilfskonstruktion und Spielzeugwelt, um die aus dem Experiment oder den Beobachtungen gewonnenen Daten richtig einordnen, auswerten und deuten zu können.

Der bekannteste Kosmologe unserer Tage, Stephen Hawking, findet zu der Wirklichkeitsnähe von Modellen deutliche Worte: „Eine wissenschaftliche Theorie ist nicht mehr als ein mathematisches Modell, das wir entwerfen, um unsere Beobachtungen zu beschreiben. Es existiert nur in unserem Kopf." Die Wissenschaftler müssen also immer sorgfältig prüfen, ob die Ergebnisse ihrer Experimente und Beobachtungen und ihre Modellvorstellung auch wirklich zusammenpassen.

Eine Theorie ist dann gut, wenn man mit ihrer Hilfe viele Beobachtungen erklären und zukünftige Ereignisse vorhersagen kann. Es gibt allerdings keine wirklich wahren Theorien, sondern nur erklärende oder widersprechende.

Das ist eine Modellvorstellung des Universums aus dem Mittelalter. Sie zeigt unten die Anordnung der vier Elemente Wasser, Luft und Feuer um die Erde. Darüber beginnt mit der Mondsphäre der Himmel. Jenseits der Fixsterne liegt die geistige Welt der philosophischen Prinzipien. Dann folgen die Engelwelten und darüber der Schöpfer.

Der Lichtstrahl ist kein Wasserstrahl – da hat er wohl die falsche „Modellvorstellung" übernommen.

So wurden zum Beispiel eine Reihe von Beobachtungen gemacht, die sich in die Vorstellung eines „Urknalls" als Arbeitshypothese einfügen lassen. Andere passen weniger gut und verlangen nach einer anderen Erklärung. Nicht zuletzt ist an dieser Theorie von den Anfängen des Universums unbefriedigend, dass die Ursache für einen Urknall, das heißt was vorher war und woher er kam, offen bleiben muss.

STÜRZT DER KOSMOS WIEDER IN SICH ZUSAMMEN?

Es war einmal eine Zeit, da stellten sich die Menschen das Universum als eine Sonne mit einer Hand voll umlaufender Planeten und einer Reihe von Sternen fixiert an der Oberfläche einer Kristallkugel vor.

Später wurde die Milchstraße mit ihren rund 100 Milliarden Sternen für das Universum gehalten. In den letzten Jahren wurde das Konzept unseres Universums erneut erweitert. Wir füllen es seither mit rund 100 Milliarden Galaxien – ähnlich unserer Milchstraße. Diese Galaxien sollen nach der Urknallvorstellung von uns wegfliegen, wie die Splitter einer gigantischen Explosion. Die Splitter verteilen sich allerdings nicht einfach im bestehenden Raum, sondern der Raum spannt sich während er sich vergrößert erst auf (= Expansion).

Im Moment sind sich die Wissenschaftler noch nicht einig, ob das Universum sich immer weiter ausdehnt oder die Expansion vielleicht in ferner Zukunft zum Stillstand kommt. Es könnte auch sein, dass der Kosmos wieder in einem Endknall in sich zusammenstürzt. Das hängt allerdings von seiner Masse ab.

Wie wir sehen, hat sich in den vergangenen Jahrhunderten das Bild, das wir vom Universum haben, dramatisch gewandelt. Aber auch unsere heutigen Vorstellungen sind nicht endgültig und haben Lücken. Wir können also davon ausgehen, dass sich in der Zukunft das Bild vom Universums erneut verändern wird.

In welchen Dimensionen denken Weltraumforscher?

Unser Vorstellungsvermögen kann nicht der Maßstab sein, wenn wir versuchen, den Kosmos zu durchmessen. Was wir hier erschließen, liegt jenseits unserer normalen Maßstäbe. Deshalb werden wir versuchen, die wirklich gigantischen Größenordnungen anschaulich zu machen. So können wir zumindest die Größe, Schönheit und Erhabenheit der Schöpfung erahnen. Ganz fassen werden wir sie nie.

Würde man fünf Millionen Eisen-Atome aneinander reihen, dann würden sie zusammen gerade eine Strecke von einem Millimeter Länge ergeben. Bakterien haben im Durchschnitt eine Größe von gut einem tausendstel Millimeter. Menschen sind mehr als zehn Millionen Mal oder um sieben Größenordnungen größer. Die Relation eines Virus zur Größe des menschlichen Körpers entspricht etwa der des Gasriesen Jupiter im Planetensystem zum menschlichen Körper. Wiederum in etwa gleichem Verhältnis stehen die planetarischen Nebel zu Jupiter. Und ungefähr in der gleichen Relation zu diesen liegen die Galaxienhaufen.

Gibt es einen Maßstab für den Kosmos?

Damit man mit so großen oder so kleinen Zahlen einfacher rechnen kann, werden so genannte Zehnerpotenzen benutzt.

Wir umspannen im Mikrokosmos insgesamt Dimensionen bis zu rund 10^{-35} Meter (sprich: Zehn hoch minus fünfunddreißig) im kleinsten Bereich.

Der Physiker Max Planck hat dies als absolut kleinste je erforschbare Dimension erkannt. Sie wird ihm zu

DIMENSIONEN:

1 000 000 000 000 000 000 000 000 000 000

also eine Eins mit 30 Nullen kann man auch so schreiben: 10^{+30}

$$\frac{1}{1\,000\,000\,000\,000\,000\,000\,000\,000\,000\,000}$$

also eine Eins geteilt durch eine Eins mit 30 Nullen kann man auch schreiben: 10^{-30}

Atom 10^{-10} m

Elefant 4×10^0 m

10^{-30} 10^{-25} 10^{-20} 10^{-15} 10^{-10} 10^{-5}

Amöbe 10^{-7} m

Bodensee 8×10^4 m

Der Maßstab ist in Zehnerschritte unterteilt und jeder seiner Intervalle steht für eine Entfernung, die zehnmal größer ist als die vorhergehende. Der gesamte Maßstab erstreckt sich über 60 Größenordnungen, also vom subatomaren Bereich (= Teilchengröße kleiner als Atome) bis zur Grenze des beobachtbaren Kosmos.

Ehren die Plancksche Elementarlänge genannt.

In den riesigen Weiten des Makrokosmos liegt die Größenordnung bei rund 10^{+30} Meter (sprich: Zehn hoch dreißig).

Die größte Entfernung, die wir heute mit dem Hubble-Weltraumteleskop erfassen können, ist ungefähr 15 Milliarden Lichtjahre. Dies ist in Metern ausgedrückt in etwa die folgende Zahl: eine Eins mit 27 Nullen.

Das ist natürlich nicht die größte existierende Dimension. Diese kennen wir nicht, sondern nur die bisher größte Entfernung, bis zu der wir unsere Beobachtungen vorgetrieben haben. Verständlicherweise unterliegen Messungen in so großen Entfernungen beträchtlichen Ungenauigkeiten.

Die Größenordnungen, mit denen wir tagtäglich umgehen und die wir uns auch vorstellen können, liegen zwischen Millimetern (10^{-3} Meter) und 1 000 Meter (1 Kilometer oder 10^{+3} Meter).

Der Astronom benutzt das Lichtjahr als „Metermaß". Ein Lichtjahr ist also keinesfalls die Stromrechnung über ein Jahr. Es ist vielmehr das Längenmaß, das sich aus der Lichtgeschwindigkeit ergibt. Nachdem das Licht in einer Sekunde 300 000 Kilometer (= Länge einer Lichtsekunde) zurücklegt, ist die Länge eines Lichtjahres 300 000 Kilometer x 60 (Minute) x 60 (Stunde) x 24 (Tag) x 365 (Jahr). Das sind insgesamt 10^{16} Meter.

So ist die Erde von der Sonne rund 8,3 Lichtminuten entfernt oder anders ausgedrückt: rund 150 Millionen Kilometer. Entfernungen zu den äußeren Planeten sind einige Lichtstunden groß, während die unserem Planetensystem nächstliegende Sonne, der Stern Proxima Centauri, 4,3 Lichtjahre entfernt ist. Um dorthin zu gelangen, wäre ein Satellit mit unserer heutigen Technik rund 10 000 Jahre unterwegs.

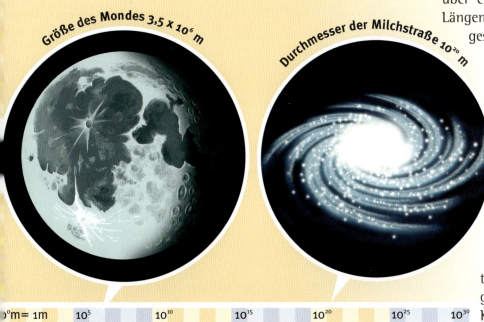

Größe des Mondes $3,5 \times 10^6$ m

Durchmesser der Milchstraße 10^{20} m

Erdumlaufbahn 10^{12} m

Entfernteste Galaxienhaufen 10^{27} m

Technik erschließt ferne Welten

Was verstehen wir unter dem Begriff Weltraum?

Stellen wir uns einfach eine Kugelschale vor, die unseren Planeten Erde rund 100 Kilometer über der mittleren Erdoberfläche völlig einschließt. Verallgemeinernd kann alles, was außerhalb dieser Kugel liegt, als „Weltraum" bezeichnet werden. Er ist also etwa zwei Autostunden von uns entfernt, würde man senkrecht in den Himmel fahren. Allerdings kann man im physikalischen Sinne den Raum unmittelbar über der Erde nicht strikt vom Weltraum trennen. Das Licht der Sonne dringt glücklicherweise in diesen Raum ein und ermöglicht so Leben und Wachstum auf unserem Planeten. Licht, das heute durch die Wolken hindurch bunte Flecken auf die Erde malt, ist nach gängigen Modellvorstellungen tief im Sonneninnern durch Kernfusion entstanden. Es hat sich über 100 000 Jahre durch das dichte Innere der Sonne durchgearbeitet, um dann in nur 8,3 Minuten die 150 Millionen Kilometer zur Erde zurückzulegen.

Als Folge ihrer dynamischen Vorgänge im Innern entwickelt die Sonne Aktivitäten, die zu gewaltigen Explosionen in ihrer äußeren Hülle führen. Auch diese haben Auswirkungen bis auf die Erdoberfläche und können für erhebliche Aufregung auf der Erde sorgen. Die bisher gravierendsten Folgen waren im März 1989 zu spüren, als ein Sonnensturm in einem Teil von Kanada die Lichter ausknipste. Aber auch zum Beispiel Satelliten und Flugzeuge können gefährdet werden. Riesige elektrisch geladene und von der Sonne abgestoßene Gaswolken (= Materialauswürfe der Sonnenkorona) kollidieren gelegentlich mit der die Erde umgebenden Erdmagnetosphäre, was sich katastrophal auf die immer empfindlicher werdenden elektrischen Systeme auswirken kann.

Diese Beispiele sollen verdeutlichen, wie wichtig Kenntnisse über den erdnahen Weltraum für das Leben auf der Erde sind. Deshalb untersucht ab dem Sommer 2000 eine ganze Satellitenflotte aus vier Cluster-Sonden, die von Astrium entwickelt wurden, den erdnahen Raum. Diese soll helfen, das Wechselspiel im Erde-Sonne-System besser zu verstehen. So scheint der Weltraum erst in gebührendem Abstand über der Erde zu beginnen; seine Einwirkungen reichen jedoch bis zur Erdoberfläche und sogar ins Erdinnere (= Neutrinoforschung).

Das bisher am weitesten ins Weltall vorgedrungene, vom Menschen geschaffene Flugobjekt ist die amerikanische Sonde Voyager. Sie soll in den nächsten Jahren das Ende der Heliosphäre erreichen. Die Heliosphäre ist eine Art Gasblase um das Sonnensystem. An ihrer äußersten Grenze mit einem 100fachen Sonne-Erde-Abstand trifft der von der Sonne freigesetzte Teilchenstrom (Sonnenwind) auf die interstellare Materie. Größere Dimensionen im Weltall können bislang nur mit Hilfe von Teleskopen durch Fernerkundung erreicht werden.

Mit Hilfe eines Clusters aus vier Satelliten, die um die Erde kreisen, wird die Wechselwirkung der Sonne mit dem Erdmagnetfeld näher erforscht.

SONNENSTURM

Am 13. März 1989 saßen die Techniker des Kraftwerks in Montreal wie gewöhnlich in ihrem Kontrollraum. Morgens um 2.44 Uhr begannen einige Kontrolllichter überraschend zu blinken. Innerhalb von 90 Sekunden brach die Stromversorgung der ganzen Provinz Quebec zusammen und die Kontrolltafel im Kraftwerk leuchtete wie ein Christbaum. Sechs Millionen Menschen saßen im Dunkeln, waren in Fahrstühlen festgesetzt oder litten unter dem Ausfall ihrer elektrischen Heizung. Innerhalb von neun Stunden konnten Teile des Netzes wieder betrieben werden. Einige Regionen des Landes blieben für Tage dunkel. Der Schaden betrug ungefähr 15 Millionen DM. Ursache war eine Explosion auf der Sonne, die massiv das Erdmagnetfeld gerade über Kanada beeinflusste. Das wiederum brachte das gesamte elektrische Netz Quebecs durcheinander.

Missionsbild des deutschen Röntgensatelliten Rosat auf seiner erdnahen Umlaufbahn (Illustration)

Was ist Raumfahrt?

Eine anwendungsnahe Definition von Raumfahrt ist, Nutzlasten von der Erdoberfläche in den Weltraum oder zu anderen Himmelskörpern wie Planeten, Monden, Kometen und Asteroiden zu befördern. Ein Ziel der zukünftigen Raumfahrt wird es sein, nicht nur Lasten zu Plätzen jenseits der Atmosphäre zu transportieren, sondern auch Proben wieder zur Erde zurückzubringen.

Die zu transportierenden „Nutzlasten" sind vielfältig. Es können Messgeräte oder Instrumente sein (= unbemannte Raumfahrt), aber auch Menschen werden als Nutzlast bezeichnet. Dann spricht man von bemannter Raumfahrt. Ihre Aufgabe ist es, Raumfahrzeuge zu steuern, Messgeräte zu bedienen oder selbst biomedizinisches Versuchsobjekt zu sein.

Die unbemannten Systeme, wie Sonden oder Satelliten, kann man wiederum in eine Plattform und Nutzlast unterteilen. Diese Nutzlast wird je nach Missionsziel sehr unterschiedlich sein. Die Plattform dagegen deckt die Grundfunktionen des Gesamtsystems ab, hat also alles, was einen Satelliten funktionsfähig macht. Dazu gehören der strukturelle Aufbau wie die Energieversorgung, die Temperatur- oder Thermalkontrolle, eine Bahn- und Lageregelung und die Datenspeicherung und -übertragung per Funksignal zur Erde (= Datenverarbeitungs- und Telemetriesystem). Man spricht hier von den Untersystemen des Satelliten.

Bemannte Raumfahrzeuge müssen viel komplizierter konstruiert sein. Sie brauchen zusätzlich ein Lebenserhaltungssystem, einen aufwendigen Hitzeschutzschild für den Eintritt in die Erdatmosphäre und

Umlaufbahnen

Satelliten bewegen sich auf bestimmten Umlaufbahnen um die Erde. Sie unterscheiden sich in ihrer Höhe (geostationäre Umlaufbahn: Abstand zur Erde 36 000 km; hohe Umlaufbahn: Abstand zur Erde 10 000-20 000 km; niedrige Umlaufbahn: Abstand zur Erde 400-1 000 km) und sie können kreisförmig oder ellipsenförmig sein.

Satelliten oder Sonden?

Die meisten Systeme zur Fernerkundung des Weltraums und der Erde halten sich in einer Erdumlaufbahn auf. Hier spricht man korrekterweise von Satelliten. Sie bewegen sich meist auf kreisähnlichen Bahnen in einer Höhe von mehreren 100 km. Für astronomische Beobachtungen lichtschwächerer Objekte sind Langzeitbeobachtungen von großer Bedeutung. Für diese Missionen werden Satelliten mit Teleskopen bevorzugt auf langgestreckte ellipsenförmige Bahnen um die Erde gebracht. Sie liegen weitgehend außerhalb des störenden Strahlungsgürtels der Erde.

Alles, was sich tiefer in den Planetenraum hinein bewegt, wird als Sonde bezeichnet. Sie kann an Planeten oder ihren Monden vorbeifliegen (= Fly-By-Manöver) oder in eine Umlaufbahn (= Orbit) einschwenken. Von dort aus können die Gashülle (= Atmosphäre) und die Oberfläche untersucht werden. Spezielle Landegeräte, wie etwa der Mars Pathfinder, analysieren Bodenproben und suchen nach Wasser oder möglichem außerirdischem Leben.

Das Spaceshuttle ist eine gelungene Kombination aus bemannter Raumfahrt und dem Transport von Nutzlasten wie Satelliten, Sonden oder zum Beispiel deren Austauschteile.

grundsätzlich ein Mehrfaches an technischer Sicherheit (= Redundanz) speziell für das Überleben der Astronauten.

Um diese Transportgeräte, wie Raketen oder das Spaceshuttle, und deren Nutzlasten zu entwerfen, zu entwickeln und zu bauen, sind auf der Erde Studien, Entwicklungen, Fertigungs- und Testeinrichtungen, Reinräume und Kalibrieranlagen notwendig. Start, Landung und Nachrichtenverbindungen erfordern ebenfalls geeignete Bodenanlagen. Hinzu kommen Einrichtungen, um die jeweiligen Ergebnisse auszuwerten. Die Gesamtheit dieser Sachgebiete bildet die Disziplin „Raumfahrt", die für die Erforschung des Weltraums und auch die Fernerkundung der Erde vom Weltraum aus zuständig ist.

Wie begann der Weg in den Weltraum?

23. September 1997, Tatort: Der Europäische Weltraumbahnhof Kourou in Französisch Guyana. Tathergang: Zum 100. Mal hebt eine Ariane-4 Rakete Richtung Weltraum ab. Ein Rekord in der europäischen Weltraumfahrt, die sich in erstaunlich kurzer Zeit entwickelt hat.

Sie begann mit einer Doktorarbeit, für die sich damals kein Professor zuständig fühlte. Es heißt, dass ein Münchner Verleger 1922 besagte Arbeit den „Utopischen Romanen" zuordnete. Die Rede ist von Hermann Oberth und seinen Studien. Er gehört zu den geistigen Vätern der Raumfahrt. In seiner Arbeit beschrieb er bereits die wesentlichen Elemente der heutigen Großraketen und schon 1917 entwarf er eine der ersten Raketen, die allerdings noch mit Alkohol und Sauerstoff als Treibstoff funktionierte.

Während des Zweiten Weltkrieges entwickelten dann deutsche Ingenieure in Peenemünde Raketen, die erstmals zuverlässig arbeiteten. Sie wurden für militärische Zwecke als so genannte Vergeltungswaffen V2 im Luftkrieg gegen England eingesetzt. Nach dem Krieg wurden in der Sowjetunion und in den USA mit deutschen Wissenschaftlern diese Raketen weiterentwickelt. Sie dienten in friedlicher Mission als Träger für die ersten Weltraumexperimente. Das war sicher ihr bester Nutzen.

Bereits 1948 entdeckten Geigerzähler an Bord dieser Raketen, die zuerst für die Höhenforschung eingesetzt wurden, die vorhergesagte Röntgenstrahlung der Sonne. Die Röntgenastronomie war geboren.

Diese ersten Forschungsraketen hatten eine Reichweite von nur ungefähr 100 Kilometern. Damit war nicht nur eine kurze Messdauer von etwa 500 bis 1 000 Sekunden verbunden, sondern es konnte auch weniger Nutzlast transportiert werden.

Wenn es also um die Erschließung des 8. Kontinents – wie man den Weltraum gelegentlich nennt – gehen sollte, befand man sich damals mit diesen Systemen noch in küstennahem Gewässer und hatte zum neuen Kontinent noch einen weiten Weg.

Der entscheidende Anstoß für einen weiteren technischen Fortschritt kam erneut von der militärischen Seite, dem nuklearen Wettrüsten der Großmächte in Ost und West. Es wurden Raketen entwickelt, die eine schwere und gefährliche Bombenlast schnell und zielsicher über weite Strecken transportieren konnten. Diese technischen Neuerungen brachten natürlich auch Vorteile für die Weltraumforschung und bildeten den Hintergrund für die rasante Entwicklung der Raumfahrt.

Im Rahmen des Apollo-Programms zum Mond wurde mit Saturn V die bisher größte Rakete eingesetzt. Sie war ein gewaltiger Turm von über 110 Metern Höhe – die Freiheitsstatue in New York ist um 18 Meter kleiner – und 3 000 Tonnen Gesamtmasse – damit 13 Mal schwerer als die Freiheitsstatue. Mit 155 Millionen Pferdestärken hob sie 1967 erstmals von der Startrampe in Cape Canaveral in den Himmel über Florida ab.

RÖNTGENASTRONOMIE
Seit den 60er Jahren betrieb man in Deutschland erfolgreich ein Höhenforschungsraketen-Programm (HFR).

Astrium entwickelte und baute gemeinsam mit Partnern in knapp 30 Jahren insgesamt 126 Nutzlasten und wichtige Raketensteuerungs- und Versorgungseinheiten (= Untersysteme).

Vorbereitung zum Betanken einer A4-Rakete auf dem Gelände der Heeresversuchsanstalt in Peenemünde, 1942.

Hermann Oberth (1894 - 1989) ist einer der geistigen Väter der Raumfahrt.

Die über 100 Meter hohe Saturn V-Rakete

DAS LICHT DER STERNE

Licht breitet sich zwar mit hoher, aber endlicher Geschwindigkeit von rund 300 000 km/s aus. Das Licht eines nahen Sterns erreicht uns vielleicht nach Jahren, während wir das Licht einer fernen Galaxie im Extremfall erst nach Jahrmilliarden beobachten können.

Wir sehen also den Sternenhimmel nie so, wie er tatsächlich ist, sondern je nach der Entfernung der Objekte immer nur in einer entsprechenden „Rückblickzeit", in näherer oder fernerer Vergangenheit. Dabei untersuchen wir auch das Licht von weit entfernten Sternen, die es heute möglicherweise gar nicht mehr gibt. Aber ihr Licht kommt eben erst jetzt bei uns an.

Welche Signale erreichen uns von den Sternen?

Wir Menschen leben auf der Erdoberfläche mit einem riesigen Ozean aus Luft über uns. Dieser Luftozean ist die Atmosphäre. So sehen wir von der uns umgebenden Sternenwelt so viel wie ein Tiefseefisch im Ozean von der Sonne.

Die Atmosphäre wirkt wie ein „schmutziges Kellerfenster", weil sie nur einen Teil der elektromagnetischen Strahlung, das ist zum Beispiel der sichtbare Teil des Lichts und die Radiowellen, durchlässt.

Die meisten Strahlen, die aus dem Weltraum kommen, werden jedoch von ihr verschluckt. So schützt uns die Atmosphäre vor den für uns gefährlichen, hochenergetischen ultravioletten (UV-) Strahlen, den Röntgen- und Gammastrahlen. Sie blockt auch einen Teil der Wärmestrahlung (= Infrarot IR) ab. Für die Astronomen bedeutet dies aber, dass sie viele Informationen des Lichts aus dem Kosmos mit erdgebundenen Teleskopen nicht messen können.

Den eigentlichen Durchbruch bei der Beobachtung der Strahlung aus dem Weltraum erzielte man erst durch den Einsatz von Satelliten. Sie operieren jenseits der störenden Atmosphäre und machen so alle Wellenlängenbereiche für die Wissenschaftler direkt zugänglich.

Speziell entwickelte Detektoren sind für die unterschiedlichsten Wellenlängenbereiche empfindlich. So tragen einige Satelliten zum Beispiel Detektoren für Röntgen- und UV-Strahlen. Andere messen IR-Strahlung oder zeichnen Partikelströme auf, die beispielsweise bei Sternexplosionen entstehen.

Seit 1990 umkreist das Hubble-Weltraumteleskop die Erde. Mit ihm untersuchen die Astronomen außerhalb der störenden Atmosphäre das sichtbare Licht und Teile des IR.

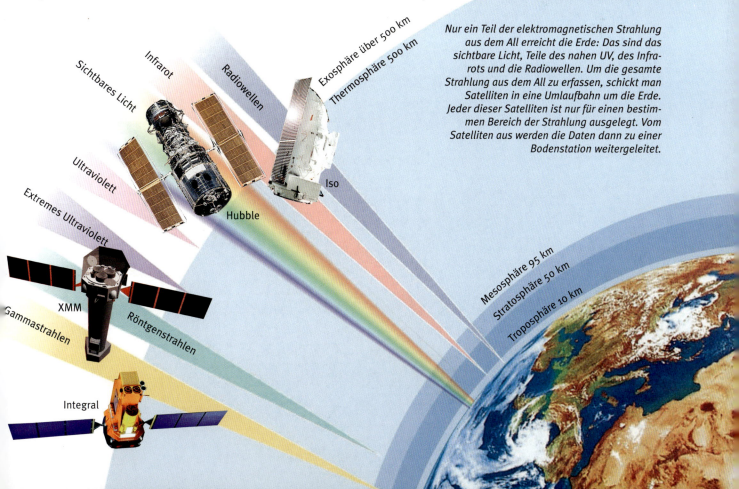

Nur ein Teil der elektromagnetischen Strahlung aus dem All erreicht die Erde: Das sind das sichtbare Licht, Teile des nahen UV, des Infrarots und die Radiowellen. Um die gesamte Strahlung aus dem All zu erfassen, schickt man Satelliten in eine Umlaufbahn um die Erde. Jeder dieser Satelliten ist nur für einen bestimmen Bereich der Strahlung ausgelegt. Vom Satelliten aus werden die Daten dann zu einer Bodenstation weitergeleitet.

Wie verrät das Licht die Geheimnisse der Sterne?

Da mit unseren Mitteln der Raumfahrt Sterne nicht erreichbar sind, ist Strahlung die einzige Informationsquelle, die uns zur Verfügung steht. Allerdings müssen wir ihr teilweise entgegenfliegen, da sie, wie wir jetzt wissen, nur unvollständig an der Erdoberfläche ankommt. Diese gewaltige Einschränkung für die Untersuchung der Sterne muss Anlass sein, ihrem Licht so viel Information zu entlocken wie irgend möglich.

Das Licht der Sterne verrät uns viel mehr als nur ihre Position am Nachthimmel. Ihre scheinbare Helligkeit, mit der sie der irdische Beobachter sieht, hängt zum Beispiel von der Entfernung und der tatsächlichen Leuchtkraft ab. Regelmäßige Schwankungen der Helligkeit zeigen uns manchmal an, dass es sich nicht um einen Einzelstern, sondern um zwei Sterne handelt, die umeinander kreisen und sich dabei teilweise verdecken. Das können also Doppelsterne oder Mehrfachsysteme sein.

Zudem lehrt uns schon der Regenbogen, dass im weißen Licht der Sonne verschiedene Farbanteile enthalten sind, die wir mit dem Auge erkennen können. Allerdings ist das für uns sichtbare Licht nur ein kleiner Ausschnitt aus dem Bereich der gesamten Strahlung, die in der Natur vorkommt.

Mit unseren Augen können wir nicht den ganzen Strahlungsbereich erfassen. Deshalb müssen wir die Fähigkeit unserer Augen durch technische Hilfsmittel erweitern. Dies sind im Wesentlichen – teilweise extrem gekühlte – Halbleiterdetektoren. Sie erkennen auch die Strahlungen, die wir mit bloßem Auge nicht sehen können.

Um das Licht der Sterne zu untersuchen, wird es – wie vom Regenbogen abgeschaut – in seine Einzelbestandteile zerlegt (= Spektrum). Für verschiedene Bereiche des Spektrums werden unterschiedliche Detektoren benutzt. So gibt es auch die entsprechenden Observatorien auf der Erde und im Weltraum. Ihre Aufnahmen können uns über Alter, Oberflächentemperatur, Größe und die atomare Zusammensetzung

Beispiel eines jungen, blauweiß leuchtenden Sterns im Blasen-Nebel NGC 7635 (Aufnahme des Hubble-Weltraumteleskops)

Schickt man einen weißen Lichtstrahl durch ein Prisma, wird er – wie auch beim Regenbogen – in seine Spektralfarben zerlegt, aus denen er zusammengesetzt ist.

OBERFLÄCHENTEMPERATUR DER STERNE

Es ist recht einfach, eine äußerst wichtige Information aus dem Licht der Sterne zu lesen. Denn ähnlich wie ein Metall beim Erhitzen erst rot, dann weiß und letztlich, wenn es sehr heiß ist, bläulich leuchtet, so kann man zumindest aus der Farbe des Lichts heller Sterne direkt auf die Oberflächentemperatur schließen.

Kühlere Sterne senden mehr langwelliges Licht am roten Ende des Spektrums aus. Heißere Sterne, wie unsere Sonne, haben ihr Strahlungsmaximum in der Mitte des sichtbaren Spektrums im rötlich-gelben Bereich. Die heißesten Sterne mit einer Oberflächentemperatur von 30 000 °C sind dagegen weiß bis blauweiß.

STERNENFUNKELN

Wenn das Licht der Sterne für unser Auge funkelt, so heißt das nicht, dass seine Leuchtkraft so schnell schwankt. Es funkelt vielmehr, weil es beim Durchtritt der Atmosphäre Schichten verschiedener Dichte durchdringt. Dabei erfährt es eine unterschiedliche Lichtablenkung.

Dies ist ein Grund, weshalb Astronomen ihre Teleskope bevorzugt auf hohen Berggipfeln oder gleich auf Satelliten unterbringen. Hier werden die atmosphärischen Störungen gemindert oder treten erst gar nicht auf.

von Sternen, Galaxien, Supernovä und Staubnebel Auskunft geben.

Diese Erkenntnisse gelten allerdings strenggenommen nur für die äußere Oberfläche eines Sterns. Das Innere lässt sich durch andere Methoden erkunden, wie zum Beispiel durch die Untersuchung von Neutrinos. Das sind kleine Teilchen, die uns als eine Art Flaschenpost aus dem Innern eines Sterns oder von einer Sternenexplosion erreichen. Eine andere Untersuchungsmethode ist die Sternseismologie. Hier versuchen die Wissenschafter aus dem Schwingungsverhalten eines Sterns bei einem Sternbeben, ähnlich einem Erdbeben, etwas über sein Inneres zu erfahren.

Welche technischen Anforderungen werden an Satelliten und Sonden gestellt?

Grundvoraussetzung für die Erkundung des Weltraums durch Satelliten und Sonden ist die Überwindung der irdischen Atmosphäre. Sie stört – wie wir wissen – die astronomischen Beobachtungen. Wegen der relativ hohen Kosten eines Raketenstarts sollten Experimente und Komponenten kompakt gebaut sein und ein möglichst geringes Gewicht haben. Um diese Bedingungen zu erfüllen, werden zum Teil völlig neuartige Materialien und Systeme entwickelt. Beispiele dafür sind faserverstärkte

Der weitgehend in Folie eingepackte Röntgensatellit Rosat während der Vorbereitung zum Thermaltest in der Sonnensimulationskammer

23

Kunststoffe und automatisierte Systeme, die man unter dem Begriff „Bordautonomie" zusammenfasst.

Zudem muss ein Satellit oder eine Sonde mit ihren äußerst empfindlichen Komponenten extreme Kräfte während der Startphase schadlos überstehen. Das stellt hohe Anforderungen an die Stabilität des Gesamtsystems; Eigenschaften, die sich teilweise zu widersprechen scheinen.

systems unterwegs sind, nutzen den Antrieb auch zur Kurskorrektur.

Bei einer komplexen Weltraummission sollten natürlich so viele Informationen wie möglich über den Gegenstand der Untersuchung gewonnen werden. Wie aber kommen die gesammelten Daten auf die Erde? Hier gibt es zwei Möglichkeiten: Entweder werden sie ständig an verschiedene Bodenstationen übertragen. Dazu müssten aber viele Statio-

Mit dem speziellen LDEF-Satelliten (Long Duration Exposure Facility) wurde von 1984 bis 1990 in einem Langzeitversuch das Verhalten unterschiedlicher Materialien im Weltraum getestet.

Satelliten und Sonden brauchen ein Eigenantriebssystem für Bahn- und Lageregelungsmanöver. Satelliten oder auch die Internationale Raumstation ISS (International Space Station), die sich in einer niedrigen Umlaufbahn um die Erde befinden, werden durch die Reibung mit der Restatmosphäre in den entsprechenden Höhen allmählich abgebremst. Ohne gelegentliche Bahnanhebung würden sie wieder auf die Erde zurückfallen. Sonden, die zu anderen Planeten unseres Sonnen-

nen in Betrieb gehalten werden, und das ist teuer. Eine andere Möglichkeit ist, die Daten gleich an Bord zu verarbeiten, zu speichern und gelegentlich zum Boden zu übertragen, sobald sich der Satellit im Empfangsbereich einer Bodenstation befindet.

Ein Satellitensystem muss in einer sehr rauhen und harschen Umgebung äußerst präzis arbeiten. Das betrifft auch hohe Temperaturunterschiede der Schatten- und Sonnenphasen. Untersysteme lässt man

AKROBATIK IM ALL

Fly-By-Manöver dienen im Allgemeinen der Beschleunigung von Sonden. Bei der Sonnensonde Ulysses wurde ein geschicktes Anfliegen des Jupiters dazu benutzt, die Bahnebene um 90° zu drehen. So wurde erstmals ein Überflug der Sonnenpole möglich.

Die Sonnensonde Ulysses auf ihrer Bahn über die Pole der Sonne (Illustration)

möglichst bei Raumtemperatur arbeiten, weil sie auch so getestet wurden. Dazu müssen diese Systeme aber beheizt oder gekühlt werden. Hochenergetische Strahlung dringt in alle Materialien ein. Sie kann im Laufe der Jahre die Außenhaut der Raumfahrzeuge zerstören und Elektronikkomponenten beeinträchtigen.

Um empfindliche Messeinrichtungen selbst vor geringen Störungen durch die elektrischen und magnetischen Felder des eigenen Satellitensystems zu schützen, werden sie oft auf langen Auslegern angebracht. Diese werden erst ausgefaltet, wenn der Satellit seine Position im Weltraum erreicht hat. Hier kommt es auf äußerste Zuverlässig-

keit aller Mechanismen an. Eine Weltraummission kann nur dann gelingen, wenn alle Teile reibungslos funktionieren.

Bis auf Pluto sind alle Planeten bereits von Sonden besucht worden, obwohl wir keine Rakete zur Verfügung haben, die für einen direkten Anflug den notwendigen Schub aufbringen könnte. Um aus dem Anziehungsbereich der Sonne heraus in die äußeren Bereiche des Planetensystems zu kommen, plant man deshalb teilweise mehrere nahe Vorbeiflüge an Planeten. Dabei werden die Raumsonden durch die Anziehungskraft der Planeten angezogen und zugleich beschleunigt. So entreißen sie ihnen einen winzigen Teil ihrer Bewegungsenergie und wandeln sie in Bewegungsenergie für ihre weitere Reise um. Nur mit Hilfe solcher Fly-By-Manöver ist es möglich, Sonden in die Tiefen des Planetenraumes zu „schleudern".

Was ist ein Fly-By-Manöver?

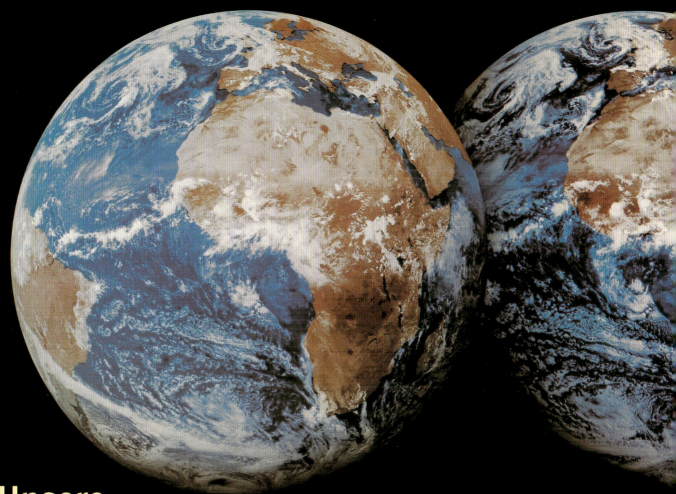

Unsere kosmische Adresse

Galaxien vollführen eine Art Ballett im Kosmos. Die Sterninseln bilden Muster wie in einem Strickpullover. Mal reihen sie sich zu längeren Fäden, mal verweben sie sich zu großen zusammenhängenden Gebilden, formen sich zu konzentrischen Figuren, zu Blasen und zu Netzen. Innerhalb dieses kosmischen Gewebes, zwischen den Fäden, Netzen und Flächen bestehen riesige Leerräume. Die Dimensionen dieser Superhaufen sprengen jede Alltagsvorstellung.

Auch unser kosmischer Hinterhof, unser Planetensystem, steckt voller Überraschungen und Rätsel: Unsere Sonne umkreist das galaktische Zentrum mit einer Geschwindigkeit von rund 800 000 Kilometern pro Stunde – braucht aber trotz des irrsinnigen Tempos für einen kompletten Umlauf rund 240 Millionen Jahre. Das erscheint uns als eine unvorstellbar lange Zeit, ist aber im Vergleich zum Tempo der vielen 100 Milliarden Sterne, die unsere Milchstraße bevölkern, doch nur kosmischer Durchschnitt.

Aufwendige Forschungsarbeit hat dazu geführt, dass wir uns auf unserem Planeten auskennen, wobei die Bereiche der Polargebiete erst in den letzten 200 Jahren und die riesigen Ozeanböden erst in den letzten 40 Jahren ihre topografischen und geologischen Geheimnisse preisgaben. Gleichzeitig haben wir unsere Erkundungen weit in den Kosmos hinein ausgedehnt und dabei gefunden, dass unsere Welt nur eine von vielen Welten in einer von vielen Galaxien ist.

Mit diesem Wissen können wir versuchen, unsere kosmische Adresse anzugeben. Wenn wir einem Außerirdischen den Weg zu unserer Erde zeigen wollten, dann müssten wir schreiben:

Die Raumsonde Galileo umrundet den Jupitermond Io (Illustration).

Die Raumsonde Cassini bei ihrem Fly-By-Manöver um die Venus. Dabei nimmt sie Schwung für ihren Flug zum Saturn auf (Illustration).

Satelliten und Sonden im All

Der italienische Mathematiker und Physiker Galileo Galilei (1564 - 1642) entdeckte im Jahre 1610 die vier großen Monde des Jupiters. Ihm zu Ehren wurde die Jupiter-Raumsonde Galileo genannt. Sie wurde 1989 ins All geschickt und besteht aus zwei Systemen, einem Orbiter zur Untersuchung des Jupitersystems und einer Jupiter-Atmosphärensonde.

Erst sechs Jahre nach seinem Start ins All, 1995, erreichte Galileo Jupiter. Der Orbiter schwenkte in eine Umlaufbahn ein und zum ersten Mal gelang es, Langzeitbeobachtungen des Planeten selbst, seiner Magnetosphäre und seiner Monde zu machen. Galileo war der einzige Beobachter und Zeuge der Einschläge des Kometen Shoemaker-Levi auf der Nachtseite des Planeten.

Die Landesonde tauchte 1995 in die Atmosphäre des Jupiters ein. Sie hatte nur einige Minuten zur Analyse und Übertragung der Daten Zeit, bevor sie von dem hohen Druck der Atmosphäre regelrecht zerquetscht wurde.

Der zweite Teil der Mission ist die so genannte „Fire and Ice-Mission" (= Feuer- und Eis-Mission) zu Jupiters feuerspeiendem Mond Io und dem Eismond Europa. Deutschland ist an dieser zweiten NASA-Mission mit zwei Instrumenten und dem Antriebssystem der Sonde beteiligt.

Im Oktober 1999 startete das über fünf Tonnen schwere Sondensystem Cassini/Huygens. Es soll nach sieben Jahren Saturn erreichen.

Die amerikanische Raumsonde Cassini hat ihren Namen von dem italienisch-französischen Astronom Giovanni Domenico Cassini (1625 - 1712), der unter anderem die Zweiteilung des Hauptrings des Saturnringsystems entdeckte (Cassini-Teilung, 1675). Mit dem Namen der Landesonde Huygens ehrt die ESA den niederländischen Wissenschaftler Christiaan Huygens (1629 - 1695), der den Saturnmond Titan entdeckte.

Das Sondensystem soll in seiner vierjährigen Operationsphase nicht nur die Atmosphäre des Saturn und sein noch weitgehend unbekanntes Innere untersuchen, sondern auch

MIT PLASMA-ANTRIEB SCHNELLER ZUM MARS

Um zukünftige Raumfahrzeuge anzutreiben, wollen die Ingenieure Plasma benutzen. Es ist ein hoch erhitztes Gas, in diesem Fall Wasserstoff, dem das Elektron fehlt.

In einer ersten Kammer der Antriebsstufe wird es erzeugt. In der zweiten Kammer erfolgt eine Erhitzung durch Radiowellen ähnlich wie in einem Mikrowellenherd. Danach bündelt eine „magnetische Düse" in einer dritten Kammer das auf rund 50 000 °C erhitzte Plasma zu einem gerichteten Strahl, der als Antrieb dient.

Bei einer Marsmission würde das Triebwerk in der ersten Hälfte der Reise stetig beschleunigen und in der zweiten Hälfte stetig abbremsen. Die Reisezeit könnte so halbiert werden.

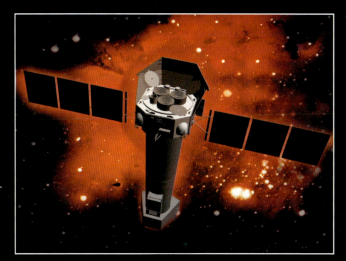

Der Röntgensatellit XMM (Illustration)

KÜNSTLICHER ABSTURZ

Nachdem Komponenten des Bahn- und Lageregelungssystems des CGRO ausgefallen waren, wurde am 6. Juni 2000 ein Absturz über dem Ozean eingeleitet. Damit wurde die Gefahr eines unkontrollierten Absturzes über der Erde gebannt.

das einmalige Ringsystem und die Eiswelt seiner Monde. Die Landesonde Huygens soll in die dichte Atmosphäre des Mondes Titan eintauchen und hoffentlich heil auf seiner Oberfläche landen. Bis jetzt weiß keiner, von welchen Bedingungen die Sonde auf Titan erwartet wird.

Das CGRO (Compton Gamma-Ray Observatory) ist mit 17 Tonnen Gewicht die bisher schwerste astrophysikalische Nutzlast, die von der NASA 1991 in den Weltraum transportiert wurde. Von den vier Instrumenten an Bord stammen zwei Teleskope aus Deutschland. Zusammen mit anderen Missionen ist CGRO einem großen Rätsel auf der Spur, den Gammastrahlen-Blitzen.

Diese Phänomene sind deshalb so interessant, weil gewaltige Energieumsätze stattfinden. Möglicherweise sind daran Neutronensterne und Schwarze Löcher beteiligt.

XMM (X-Ray Multi-Mirror Mission) ist der bisher größte in Europa gebaute Satellit. Er trägt drei hochpräzise Röntgenteleskope, die jeweils aus 58 dünnen, konzentrisch geschachtelten Spiegelschalen bestehen. Mit Hilfe dieser drei Teleskope hoffen die Wissenschaftler eine große Zahl neuer Röntgenquellen zu entdecken und äußerst energiereich ablaufende Prozesse im Universum zu verstehen (siehe auch Seite 33/34).

Der Satellit CGRO auf den Spuren der Gammastrahlen-Blitze (Illustration)

Planeten, Pluto, zu erreichen, sind es etwas weniger als sieben Lichtstunden. Jenseits von Pluto liegt der Bereich der Kometen.

Die Erde

Aus dem All gesehen erscheint die Erde als Blauer Planet. Grund dafür sind vor allem die riesigen Wasserflächen der Ozeane, die 71 Prozent der Erdoberfläche bedecken. Aber auch in der Atmosphäre und in den Wolken ist Wasser in Form von Dampf gespeichert. Ohne die Atmosphäre, die unser Klima beeinflusst und, wie wir wissen, schädliche Strahlung aus dem All abhält, wäre Leben in der heutigen Form auf der Erde nicht möglich. Bis heute ist die Verschiedenartigkeit der Lebensformen nicht vollständig erforscht. Es gibt die unterschiedlichsten Ökosysteme auf der Erde wie zum Beispiel Regenwälder, Wüsten und Ozeane. Sie alle haben ihre eigenen Lebensformen und Lebensraum. Die Ausprägung an Formen, Farben und Arten ist nahezu grenzenlos. So ist die Erde einzigartig in den unwirtlichen Weiten des Kosmos.

Aus dem Universum kommend, steuere zuerst den Lokalen Superhaufen an, dann die Lokale Gruppe. Von dort aus geht es über die Milchstraße an der Umgebung des Orionarmes vorbei. Wenn du die Nachbarschaft der Sonne erreicht hast, schwenke ins Sonnensystem ein und suche den Blauen Planeten. Das ist unsere Erde. Wir freuen uns auf deinen Besuch.

Das Universum

Die Anzahl der Galaxienhaufen wird auf 100 Milliarden geschätzt. Allerdings wissen wir es nicht genau, was man auch daran erkennt, dass es sich um eine glatte Zahl handelt.

Der Lokale Superhaufen

Der Lokale Superhaufen ist eine ungeheuer große Ansammlung von Galaxienhaufen. Sein Radius misst ungefähr 100 Millionen Lichtjahre. An seinem Rand befindet sich die so genannte Lokale Gruppe.

Die Lokale Gruppe

Sie ist ein kleiner Haufen von Galaxien, die durch ihre Schwerkraft zusammengehalten werden. Zwei große Spiralgalaxien beherrschen das Bild der Lokalen Gruppe: das Milchstraßensystem und der Andromedanebel. Ihr Abstand beträgt ungefähr drei Millionen Lichtjahre.

Die Milchstraße

Die Zusammenballung von Sternen, zu der unsere Sonne gehört, ist eine große Spiralgalaxie: Ein riesiges Feuerrad von ungefähr 100 000 Lichtjahren Durchmesser, Heimat von über 100 Milliarden Sternen. Eigentlich groß genug, um alleine schon Universum zu sein, und dennoch nur eine von vielen Galaxien.

Die Umgebung des Orionarms

Unser Sonnensystem liegt an der inneren Kante eines leuchtenden Spiralarms des Milchstraßensystems, dem Orionarm. Dies ist kein Objekt, sondern die Umschreibung für ein Sternenentstehungsgebiet ganz in unserer Nähe.

Die Nachbarschaft der Sonne

Im Umkreis von weniger als 17 Lichtjahren von der Sonne entfernt gibt es 60 uns bekannte Sterne. Der nächste ist Proxima Centauri, mit einem etwa 270 000fachen Sonne-Erde-Abstand.

Das Sonnensystem

Wie wir bereits wissen, besteht es aus einem Stern, der Sonne, neun Planeten, drei Dutzend Monden, ein paar tausend Asteroiden, 1 000 Milliarden Kometen und fein verteiltem Staub. Unsere Erde, der dritte Planet von der Sonne aus gesehen, läuft auf einer Bahn mit einem Radius von 150 Millionen Kilometern. Das Licht der Sonne erreicht uns in 8,3 Minuten. Um den äußersten bekannten

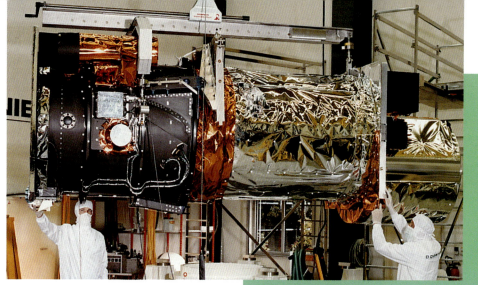

Das Rosat-Teleskop beim Zusammenbau im Integrationsraum. Die ineinander geschachtelten Spiegelschalen werden im linken Teil untergebracht.

Durch die Spiegelschalen werden die Röntgenstrahlen gebündelt und zu einem Detektor geleitet (Schema).

Wie entwickelte sich die Röntgenastronomie?

Die Röntgenstrahlen wurden 1895 von dem deutschen Physiker Wilhelm Conrad Röntgen (1845-1923) entdeckt. Es sind extrem kurzwellige und damit energiereiche elektromagnetische Strahlen. Sie durchdringen – abhängig von ihrer Energie – mehr oder weniger gut die Materie.

Die Disziplin der Röntgenastronomie nutzt allerdings nicht Röntgenstrahlen um Sterne zu röntgen, wie wir es aus der Arztpraxis kennen, um Knochenbrüche oder Geschwüre sichtbar zu machen. Hier werden äußerst heiße Objekte und energiereiche, explosive Prozesse im Weltraum untersucht. Sie senden ihrerseits Röntgenstrahlen aus. Ein Beispiel in unserer Nähe ist die Sonne. Insbesondere während der Ausbrüche, wenn also Millionen Grad heiße Gasmassen in den Raum geschleudert werden, sendet die Sonne vermehrt Röntgenstrahlen aus.

Erst Anfang der 50er Jahre hat der deutsche Physiker Hans Wolter (1911–1978) die Grundidee für einen Röntgenspiegel entwickelt. Es war sein Verdienst, durch eine geschickte Kombination von unterschiedlich geformten Flächen (Parabol- und Hyperbol-Spiegelringe) eine brauchbar gute Abbildung zu erzielen.

Röntgenstrahlen lassen sich nicht mit üblichen Methoden in einem Brennpunkt zusammenführen. Sie würden in Spiegel herkömmlicher Bauart je nach Energie eindringen oder gar durch sie hindurchtreten. Sie zwängen sich sozusagen zwischen den Atomen der Oberfläche hindurch. Der ganze Trick besteht nun darin, die Strahlen unter einem extrem flachen Winkel auf reflektierende Spiegelflächen treffen zu lassen. Der Vorgang ist vergleichbar mit einem Stein, der flach über die Wasseroberfläche eines Sees springt. Da-

OBERFLÄCHENRAUHIGKEIT DER ROSAT-SPIEGEL

Mit einer raffinierten Technologie der Firma C. Zeiss wurde eine extrem glatte Oberfläche des Spiegels erreicht. Dass die „Unebenheiten" nicht größer als 5×10^{-10} Metern waren, wurde sogar ins Guinness-Buch der Rekorde eingetragen.

Vergleicht man die Oberfläche der Rosat-Spiegel mit einer Wasseroberfläche, dann würde ihre Rauhigkeit einer maximalen Wellenhöhe von einem hundertstel Millimeter entsprechen.

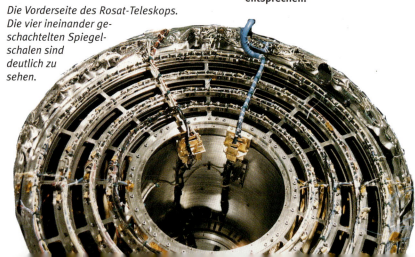

Die Vorderseite des Rosat-Teleskops. Die vier ineinander geschachtelten Spiegelschalen sind deutlich zu sehen.

Schematischer Aufbau des Röntgensatelliten XMM

bei sind die Lücken zwischen den Atomen der Spiegel für die Röntgenstrahlen so klein, dass sie „abprallen" und reflektiert werden.

Nach dem Zweiten Weltkrieg führten Wissenschaftler in Amerika erste Untersuchungen der Röntgenstrahlung im All durch. Die damals verwendeten Raketen hatten den Nachteil, dass ihr Flug nur einige wenige Minuten dauerte.

Welche Röntgenteleskope gibt es im Weltall?

Diese Einschränkung sollte sich mit der ersten europäischen Röntgenmission ändern. Exosat war der erste Europäische Röntgensatellit im All. Zwischen 1983 und 1986 konnten damit 1 780 Bilder, Spektren und Lichtkurven in unterschiedlichen Energiebereichen aufgenommen werden.

Der eigentliche Durchbruch gelang aber erst mit dem von Astrium entwickelten und zusammen mit den USA und Großbritannien verwirklichten Satelliten Rosat. Die wissenschaftliche Leitung des im Juni 1990 gestarteten Satelliten hatte das Max-Planck-Institut für Extraterrestrik in Garching bei München.

Wurden bei Exosat zwei bis zu 28 Zentimeter große Spiegelringe zu einem Röntgenspiegelsystem vereint, waren bei Rosat immerhin schon vier bis zu 83 Zentimeter große Spiegelringe ineinander geschachtelt. Jetzt konnte man noch lichtschwächere Röntgenquellen erkennen.

Der Satellit XMM in der Startkonfiguration innerhalb der Akustik-Testkammer der ESTEC

DER RIESE XEUS

Will man Röntgenquellen aus den Anfängen unseres Kosmos beobachten, ist auch XMM noch viel zu klein. So untersuchte 1999 ein Studienteam unter der Leitung von Astrium im Auftrag der ESA die Möglichkeit einer gigantischen Röntgenmission, die alles bisherige übertreffen soll.

Das XEUS-Observatorium (X-Ray Evolving Universe Spectroscopy) wird so groß sein, dass es in keine der bisherigen Raketen passt. Im Endausbau wird ein Teleskop entstehen, das einen Spiegeldurchmesser von zehn Metern hat. Zu seiner endgültigen Größe kann es erst auf der Internationalen Raumstation ausgebaut werden.

Sein Spiegelsystem soll aus mehr als 14 000 rund ein Quadratmeter großen, ineinander geschachtelten Spiegelplatten-Elementen bestehen. Die Brennweite des Teleskops ist so groß, dass der Spiegel ein eigenes Satellitensystem darstellt. Es fliegt in 50 Metern Abstand dem Nachweissystem (= Detektoren), das zu einem zweiten Satelliten ausgebaut ist, voraus. Das sonst übliche Teleskoprohr gibt es hier nicht mehr.

Durch die Entdeckung von rund 120 000 Objekten konnte die erste Karte des ansonsten für unser Auge unsichtbaren Röntgenhimmels erstellt werden.

XMM (X-Ray Multi-Mirror) der ESA und Chandra der NASA sind zur Zeit die größten Röntgenstrahlen-Observatorien. Sie können Röntgenquellen registrieren, die 20-mal schwächer sind als alle bisher beobachteten, und ihre Bilder sind 50-mal genauer. Als „fliegende Sternwarten" werden sie besonders geheimnisvolle Objekte, nämlich Schwarze Löcher im Zentrum von Galaxien, untersuchen. Schwarze Löcher waren lange Zeit nur Gegenstand von Sciencefiction. Heute ist die Wissenschaft von ihrer Existenz überzeugt.

Welche Aufgabe haben erdgebundene Teleskope?

Der größte Teil der Weltraumerkundung wird mit Hilfe von Satelliten und Sonden betrieben. Erdgebundene Teleskope spielen eine ergänzende Rolle bei der Erforschung des Weltraumes.

Teleskope kann man sich als riesige Vergrößerungsgläser vorstellen, die je nach Wellenlänge der Strahlung unterschiedlich aufgebaut sind. Im Brennpunkt befinden sich dann die entsprechenden Detektoren für zum Beispiel den sichtbaren Teil des Spektrums oder für Wärmestrahlung (= Infrarotstrahlung).

Um den störenden Einfluss der Atmosphäre zu umgehen, hat man die Standorte der Observatorien auf Gipfel hoher Berge verlegt. Dies vermindert das „Flackern der Sterne" durch die Luftunruhe. Zusätzlich hat

Ein Blick in die Kuppel des bekannten 10-Meter-Keck-Teleskops auf dem Mauna Kea, Hawaii, USA

Das weltweit größte Radioteleskop befindet sich in Arecibo, Puerto Rico. Sein Reflektor hat einen Durchmesser von 305 Metern und ist mit einer raffinierten Konstruktion in einen Talkessel eingebaut.

BABY-GALAXIEN

Erst vor kurzem haben deutsche Astronomen mit Hilfe des Very Large Telescope (VLT) junge Sternengalaxien entdeckt. Diese Baby-Galaxien sind hundertmal kleiner als unsere Milchstraße. Die Wissenschaftler hoffen, mit der genaueren Untersuchung dieser Objekte die Geschichte des Universums besser zu verstehen.

man die Möglichkeit entwickelt, mit präzise und schnell arbeitenden Mechanismen den Spiegel eines Teleskops gerade so zu „verbiegen", dass die Veränderung und Verfälschungen, die durch den Einfluss der Atmosphäre entstehen, aufgehoben werden können (= adaptive Optik).

Zur Verbesserung der Auflösung kann man auf der Erde relativ einfach eine Gruppe von Teleskopen zu einem riesigen Instrument zusammenschalten (= Interferometrie).

Seit dem Ende der 80er Jahre betreibt Europa den Aufbau einer gigantischen Sternwarte: das Very Large Telescope (VLT) auf dem chilenischen Berg Cerro Paranal. Es ist das bisher größte und leistungsfähigste „Himmelsauge" der Welt und zehnmillionenfach lichtempfindlicher als unser menschliches Auge. Es kann Objekte untersuchen, die wir schon lange nicht mehr erkennen können. Wenn der Ausbau vollständig abgeschlossen sein wird, können vier über acht Meter große Teleskope interferometrisch zu einem Teleskop zusammengeschaltet werden. Damit soll es sogar möglich sein, einen Astronauten auf dem Mond zu erkennen.

Seit 1975 wird vom Ames Research Center der NASA in Kalifornien ein Teleskop betrieben, das auf einem Flugzeug montiert ist. Es führt astronomische Messungen in einer Höhe von ca. 13,5 Kilometern durch.

Ein Nachfolgemodell, das deutsch-amerikanische Gemeinschaftsprojekt Sofia (Stratospheric Observatory for Infrared Astronomy; stratosphärisches Observatorium für Infrarot-Astronomie), wird von MAN/Kayser-Threde im Auftrag des DLR für den Einsatz auf eine Boeing 747 gebaut. Es untersucht Objekte, die Licht im Infrarotbereich aussenden.

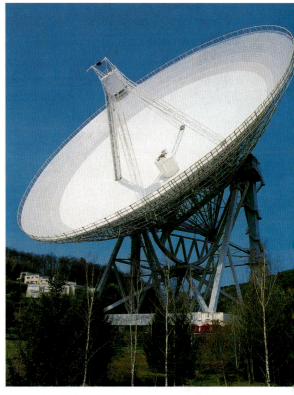

Das Radioteleskop in Bad Münstereifel-Effelsberg in der Eifel ist das weltweit größte vollbewegliche Instrument dieser Art.

Eines von vier 8,2 Meter großen Teleskopen des VLT (Very Large Telescope) der ESO in Chile

Was messen Sternwarten tief unter der Erde?

Astronomen sind nicht nur auf der Erde, in der Luft oder im Weltraum, sondern auch unter der Erde aktiv, um dem Kosmos seine Geheimnisse abzuringen: Dort untersuchen sie Neutrinos. Diese entstehen auf natürliche Weise bei kosmischen Prozessen, wie zum Beispiel bei einer Kernfusion im Sterninneren und bei Sternexplosionen.

Neutrinos reagieren nur selten mit anderen Teilchen – daher auch ihr Name – und können deshalb nahezu unbehindert die ganze Erde durchdringen. Um sich bei der Untersuchung von Neutrinos gegen Störungen durch kosmische Strahlung zu schützen, hat man in den USA riesige Detektoren in einer stillgelegten Goldmine in 1 600 Metern Tiefe untergebracht. Hier werden seit 1965 Neutrinos untersucht. Seit 1992 betreiben europäische Astrophysiker ein ähnliches Labor im Gran Sasso-Tunnel in den italienischen Abruzzen.

Auch die Kernphysiker betreiben mittels Teilchenbeschleunigern eine Art indirekte astronomische Forschung. Geht man von dem Urknall-Modell aus, so kann man versuchen, diese Bedingungen während Kollisionsexperimenten mit kleinen bis fast auf Lichtgeschwindigkeit beschleunigten Teilchen nachzustellen. Für kleinste Bruchteile einer Sekunde sollen in der „Knautschzone" solcher Zusammenstöße Urknallbedingungen herrschen (= Kosmologie). Die Wissenschaftler hoffen, auf diesem Wege mehr über die Vorgänge eines Urknalls zu erfahren.

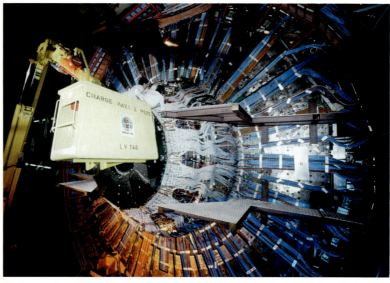

Großversuch am LEP: An einer bestimmten Stelle der Ringbahn werden die beschleunigten Teilchen für Kollisionsexperimente abgefangen.

TEILCHENBESCHLEUNIGER sind Anlagen, in denen elektrisch geladene Teilchen wie zum Beispiel Elektronen, Protonen oder ihre Antiteilchen, aber auch Atomkerne und Ionen mit Hilfe eines elektrischen Feldes auf sehr hohe Energien beschleunigt werden.

Auf Ringbahnen (= Speicherbahnen) oder linearen, das heißt geraden Bahnen, werden sie zur Kollision gebracht. Sie werden für die Forschung in der Kern- und Hochenergiephysik, aber auch zur Strahlentherapie in der Medizin eingesetzt.

Blick in den Tunnel des weltweit größten Elektron-Positron-Speicherrings (LEP) von CERN (Europäische Organisation für Kernforschung) bei Genf. Er hat einen Umfang von 27 km und einen Durchmesser von 8,5 km.

36

WELTRAUMMÜLL

Zunehmende Licht- und Luftverschmutzung und die intensive Freisetzung elektromagnetischer Strahlung schränkt die Sicht der Astronomen nach außen mehr und mehr ein.

Auch der nahe Weltraum mit der wachsenden Anzahl von Weltraumtrümmerstücken (= Space Debris) stört die astronomische Beobachtung. Man schätzt ihre Masse inzwischen auf rund 2 000 Tonnen, und sie nimmt weiter zu. Etwa 100 000 künstliche Objekte größer als zehn Millimeter bewegen sich heute schon im erdnahen Weltraum.

Ein Zusammenstoß mit diesen Müllteilchen, die immerhin bis zu 30 000 km/h schnell sind, hinterlassen kleine Einschlagkrater wie zum Beispiel eine Inspektion der MIR belegte. Sie können aber auch unbemannte Raumflugkörper so schwer beschädigen, dass sie außer Kontrolle geraten.

Empfangsstation des GSOC

> **Kann man Satelliten auch von der Erde aus reparieren?**

Die „Erfolgsgeschichte Rosat" lief durchaus nicht immer reibungslos ab. Am 25. Januar 1991 ist Rosat kurz vor Vollendung der Himmelsdurchmusterung beinahe Opfer eines bis heute noch nicht ganz geklärten Unfalls geworden.

Durch einen Ausfall des Lageregelungsystems geriet der Satellit ins Taumeln. Dabei erhielten die Solarzellen zu wenig Sonnenlicht und konnten den Energiebedarf des Satelliten nicht mehr sicherstellen. Auch das Sicherheitssystem des Zentralrechners war blockiert. Glücklicherweise wurde die Gefahr schnell

Kontrollraum der Bodenstation des GSOC in Oberpfaffenhofen. Hier werden der Einsatz von Satelliten überwacht und Daten empfangen.

erkannt. Trotzdem war die Zeit zum Eingreifen zu kurz: Der Satellit war schon wieder außerhalb des Empfangsbereichs der Deutschen Bodenstation des GSOC (= German Space Operation Center, dem deutschen Houston). Bis zum nächsten Überflug, eineinhalb Stunden später, alarmierte man den verantwortlichen Systemingenieur des GSOC und die Satellitenbauer von Astrium.

Allerdings blieb Rosat beim nächsten Überflug über dem GSOC stumm. Es begann ein Wettlauf gegen die Zeit. Nach weiteren einhalb Stunden wurde unter anderem versucht, über Funk die Ersatzeinheit des Lageregelungsystems zu aktivieren. Aber dann riss wieder die Funkverbindung ab. Der letzte Kontakt zum GSOC in den nächsten eineinhalb Stunden musste jetzt genutzt werden, um den Zentralrechner per Funk erneut zu starten. Dies gelang schließlich, und die Rechner des Bodenkontrollzentrums ließen erkennen, dass der Satellit wieder unter Kontrolle war. Es ist nicht der einzige Zwischenfall der zeigt, dass es durchaus möglich ist, Satelliten im Weltraum auch von der Erde aus zu reparieren.

37

Eroberung des Planetenraumes

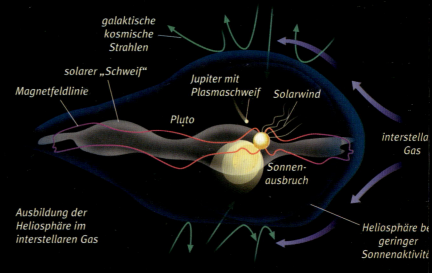

Ausbildung der Heliosphäre im interstellaren Gas

Was erwartet uns im Planetenraum?

Durch die Bilder und Messungen von Raumsonden wird uns die unerschöpfliche Vielfalt und die Großartigkeit unseres Planetensystems erst bewusst gemacht. Unter den neun Planeten, 65 Monden und unzähligen Asteroiden und Kometen finden wir sowohl glühend heiße Körper, Objekte mit dichter Atmosphäre, als auch froststarre Gebilde, die überhaupt keine Atmosphäre haben. Neben den erdähnlichen Planeten mit hoher Dichte gibt es die ausgedehnten Gaskugeln der Riesenplaneten mit geringer Dichte im äußeren Teil des Planetensystems.

Beherrscht wird unser Planetensystem von der Sonne. Ihr Licht durchflutet den ganzen Raum, auch wenn bei dem äußersten Planeten Pluto nicht mehr viel ankommt. Der Teilchenstrom (= Sonnenwind), den die Sonne absetzt, reicht dagegen viel weiter, bis in etwa 100 Sonne-Erde-Abstände (= 100 Astronomische Einheiten, AE). Dort wird er in Form einer Stoßfront als Blase im interstellaren Gas aufgehalten. Diese Front grenzt den Einflussbereich der Sonne ein.

Aus heutiger Sicht ist diese Grenze aber nicht das Ende unseres Planetensystems: Nach der Vorstellung des Niederländers Jan Hendrik Oort (1900-1992) soll sich in rund 50 000 AE die nach ihm benannte Oortsche Kometenwolke befinden. Sie wird für die Quelle von Kometen gehalten, die immer wieder das Innere unseres Planetensystems besuchen.

DAS TITIUS-BODESCHE GESETZ

Die Entfernungen der Planeten von der Sonne folgen einer mathematischen Reihe, dem so genannten Titius-Bodeschen Gesetz. Beseelt von dem Gedanken hoher Ordnung im Kosmos, fand Johannes Titius aus Wittenberg 1766 eine überraschende Zahlenfolge für

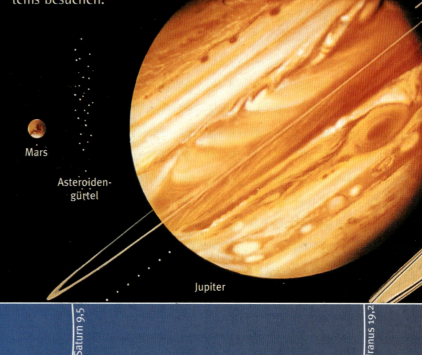

Die Planeten und ihre Monde im Größenvergleich (oben) und ihr Abstand zur Sonne in AE (Astronomische Einheiten, unten)

die Planetenabstände, die später von Johann Bode bekannt gemacht wurde. Addiert man zu den Zahlen 0, 3, 6, 12, 24, 48, 96, 192..., die für Merkur, Venus, Erde usw. stehen, die Zahl 4 und teilt das Ergebnis durch 10, entsteht eine Zahlenfolge, die den Abstand der Planeten zur Sonne gut wiedergibt (siehe Tabelle). Nur für Neptun gab es keine Zahl, denn ihn kennt man erst seit 1846.

Folgende Eselsbrücke hilft uns, die Reihenfolge der Planeten für immer zu behalten:

Mein	*Merkur*
Vater	*Venus*
Erklärt	*Erde*
Mir	*Mars*
Jeden	*Jupiter*
Sonntag	*Saturn*
Unsere	*Uranus*
Neun	*Neptun*
Planeten	*Pluto*

Welche Ordnung herrscht im Planetensystem?

Die Planetenbahnen sind so angelegt, dass sie ziemlich genau in der Ebene der Erdumlaufbahn um die Sonne (= Ekliptik) liegen. Nur Merkur und Pluto bilden eine Ausnahme. Ihre Bahn liegt leicht geneigt.

Die Planeten umkreisen die Sonne alle auf nahezu kreisförmigen Bahnen in der gleichen Richtung. Nur der größte Mond des Neptun, Triton, verhält sich wie ein planetarer Geisterfahrer, indem er tatsächlich entgegen dem allgemeinen Drehsinn umläuft.

Auch drehen sich alle Planeten in der gleichen Richtung um ihre eigene Achse. Nur die Venus macht eine Ausnahme: Sie dreht sich retro-grad, das heißt, entgegengesetzt zu den anderen Planeten. Uranus hat eine Besonderheit aufzuweisen. Seine Drehachse liegt in seiner Umlaufebene, sodasss er sich wie ein Wagenrad abrollt.

Ein immer noch ungelöstes Rätsel ist die eigentümliche Zweiteilung unseres Planetensystems: Die „inneren Planeten" Merkur, Venus, Erde und Mars (= Gruppe der erdähnlichen Planeten) heben sich deutlich von den „äußeren Planeten" Jupiter, Saturn, Uranus, Neptun und Pluto ab (= Gruppe der jupiterähnlichen Planeten).

Die inneren Planeten sind relativ klein, haben schwach ausgebildete Atmosphären aus Sauerstoff, Stickstoff und Kohlendioxid, geringe Rotationsgeschwindigkeiten und feste

Planeten	Entfernung nach Titius-Bode [AE]	Gemessene Entfernung [AE]
Merkur	0,4	0,387
Venus	0,7	0,723
Erde	1,0	1
Mars	1,6	1,523
Asteroide	2,8	2,9
Jupiter	5,2	5,21
Saturn	10,0	9,539
Uranus	19,6	19,2
Neptun		30,061
Pluto	38,8	39,529

1 AE = 149,6 Mill. km

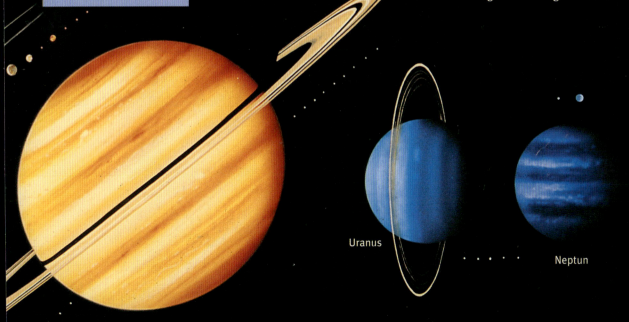
Saturn · Uranus · Neptun · Pluto

Oberflächen aus Silikaten und Metallen.

Die äußeren Planeten sind dagegen groß, besitzen riesige Atmosphären aus Wasserstoff, Helium und Methan, haben hohe Rotationsgeschwindigkeiten und einen anderen inneren Aufbau. Zwischen den zwei Gruppen liegt ein Trümmergürtel aus Kleinkörpern. Es ist nicht geklärt, ob dies Reste einer planetaren Katastrophe oder die Vorstufe zur Bildung eines Planeten sind, dessen endgültige Ausformung die gewaltige Gravitationskraft des benachbarten Jupiter verhinderte.

Welche Rolle spielt unsere Sonne?

Seit Kopernikus ist bekannt, dass die Sonne der Mittelpunkt im Planetensystem ist, um den alle Körper kreisen. Ihre Bahnen sind so eingerichtet, dass die auf sie wirkende Fliehkraft im Gleichgewicht mit der Sonnenanziehungskraft ist. Könnte man die Gravitation der Sonne abschalten, so würden alle Planeten plötzlich geradeaus fliegen. Würden umgekehrt die Planeten nicht im Raum um die Sonne kreisen, würden sie direkt in die Sonne hineinstürzen.

Neun Quadrillionen Kilowattstunden Energie verlassen täglich die Sonne als Licht, Wärmestrahlung, hochenergetische elektromagnetische Strahlung, als Radiostrahlung und als gewaltige Teilchenströme. Um eine vergleichbare Energie zu erzeugen, müssten die Motoren von 8 000 Trillionen Mittelklassewagen auf Hochtouren laufen. Das Geheimnis der schier unerschöpflichen Energiequelle ist wahrscheinlich ein nuklearer Kernfusionsofen im Innern der Sonne.

Betrachtet man die Sonne von der Erde aus durch ein lichtdämpfendes Filter, sieht man einen gleichmäßig geformten Gasball mit

Zum Schutz vor der enormen Hitzestrahlung der Sonne wurde die Oberfäche der garnrollenförmigen Sonde Helios vollständig verspiegelt.

DER SONNENOFEN VON ODEILLO

Es gibt nur eine Stelle auf der Erde, an der hitzebeständige Materialien unter Bedingungen, wie sie ähnlich in Sonnennähe herrschen, getestet werden können: Allein der Sonnenofen von Odeillo in den französischen Pyrenäen vermag Sonnenstrahlen so stark zu bündeln, dass Strahlung von derart hoher Intensität entsteht, wie sie die Solar Probe zu erwarten hat. Die Sonne testet dann praktisch selbst den irdischen Kundschafter, der ihr einmal auf den Leib rücken wird.

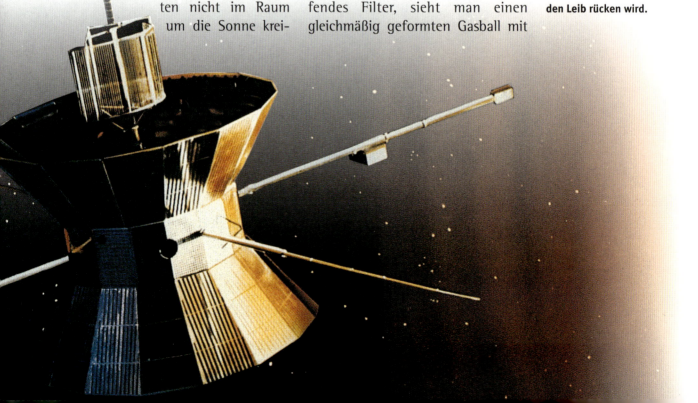

Von der Erde aus gesehen leuchtet die Sonne gleichmäßig gelblich-weiß. Erst bei genauerer Betrachtung sieht man die körnige Struktur der Oberfläche und die riesigen ins All ragenden Gaswolken. Beachte den Größenvergleich mit der Erde.

BRENNT DIE SONNE GLEICHMÄSSIG?

In jeder Sekunde treffen auf die Erde rund 50 Milliarden Kilowattstunden Sonnenenergie. Bei diesen gewaltigen Mengen, die sich kein Mensch mehr vorstellen kann, ist es verwunderlich, dass die Sonne so unglaublich gleichmäßig brennt. Nur eine geringe Abnahme oder Zunahme der Sonnenenergie würde allerdings auf der Erde drastische Klimaveränderungen auslösen, die für uns und die Natur tödlich enden könnten.

glatter Oberfläche. Doch rund 5 000 Kilometer über ihrer sichtbaren Oberfläche schäumt die Sonne wie ein gischtsprühendes, tosendes Meer in unvorstellbarer Lautstärke. Um das Chaos in diesem Bereich sichtbar zu machen, benutzt man Filter, die die von heißen Wasserstoff-Atomen erzeugte Strahlung durchlassen.

In einer gemeinsamen Aktion planen ESA und NASA mit der Sonde Solar Probe in selbstzerstörerischer Mission der Sonne auf den Leib zu rücken. Ihr Weg soll durch die Atmosphäre der Sonne, die Korona, führen. Dabei müsste die Sonde mit einer rund 3 000fach höheren Strahlenbelastung als in Erdnähe fertig werden. Die Wissenschaftler hoffen, durch ihre Messungen die Vorgänge im Inneren der Sonne besser zu verstehen.

Die Hitze ist sicher der kritischste Punkt bei einer Mission zur Sonne. Die Entwickler der Sonden müssen einerseits einen Hitzeschutz aus extrem widerstandsfähigem Material erfinden, andererseits darf er aber auch nicht besonders schwer sein.

Die beiden deutsch-amerikanischen Sonnensonden Helios 1 und 2 waren 1974 bis 1986 Vorboten einer solchen Mission. Sie wagten sich bisher am dichtesten an die Sonne heran. Ihr Abstand zum Zentralgestirn verkürzte sich um rund ein Drittel der Entfernung Sonne-Erde. Dabei hatten sie mit elfmal höherer Strahlung als auf der Erde fertig zu werden, was den Astrium-Ingenieuren damals schon Kopfzerbrechen machte. Ihre Lösung war eine garnrollenförmige, vollständig verspiegelte Oberfläche.

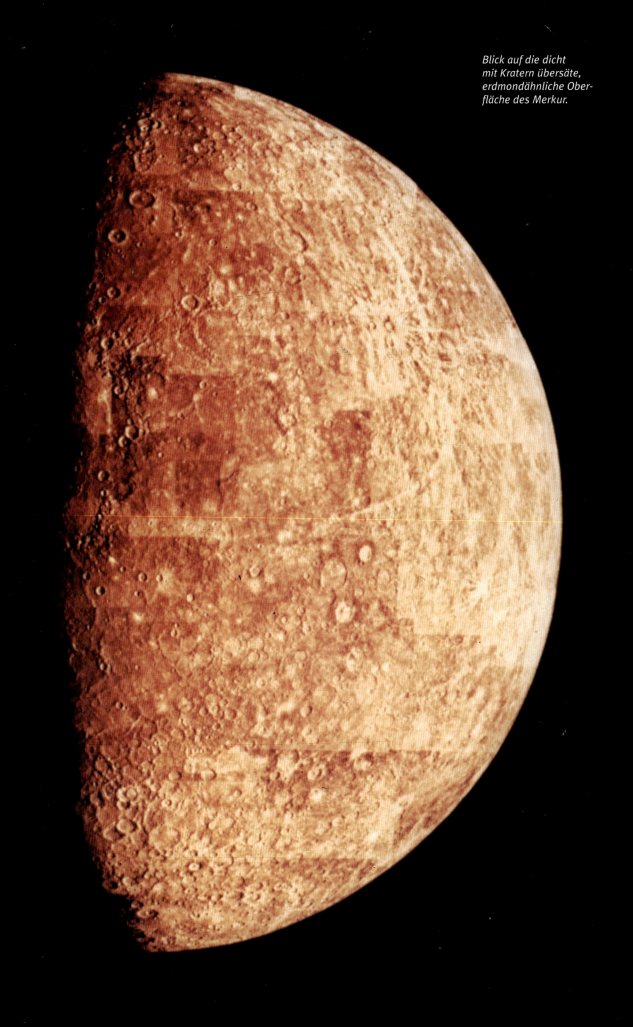

Blick auf die dicht mit Kratern übersäte, erdmondähnliche Oberfläche des Merkur.

Warum wird Merkur der Planet der Extreme genannt?

Als innerster Planet hat Merkur die extremsten Eigenschaften unter den erdähnlichen Planeten: Er steht der Sonne am nächsten und er ist der Planet, der am schnellsten die Sonne umläuft. Seine Tagestemperaturen liegen bei bis zu plus 470 °C – das wäre etwas für Sonnenanbeter – während die Nachttemperaturen mangels Atmosphäre auf minus 180 °C fallen. Die Temperaturdifferenz beträgt also 650 °C!

Trotz dieser spektakulären Eigenschaften wurde er bis jetzt nur einmal besucht, nämlich von der amerikanischen Raumsonde Mariner 10 im Jahre 1974.

Aufregend sieht Merkur nicht gerade aus, denn sein Antlitz ist von Kratern vernarbt, fast wie bei unserem Erdmond. Sein Inneres jedoch ist um so ungewöhnlicher. Er hat einen sehr hohen Gehalt an Eisen, höher als jeder andere Planet. Der Radius seines Eisenkerns ist mit einem Anteil von 75 Prozent am gesamten Planetenradius außergewöhnlich groß. Hat Merkur durch eine sich verändernde Sonne einen Teil seines Gesteinsmantels verloren, sodass er früher größer war? Oder hat der Einschlag eines Meteoriten das bewirkt?

Um diesen Fragen nachzuspüren, wurde im Jahre 1994 der schnelle Planet Merkur mit der riesigen, talfüllenden Radarschüssel von Arecibo auf Puerto Rico in die Radarfalle gelockt. Strahlen, mit denen auf unseren Straßen Raser dingsfest gemacht werden, hat man auf eine 100 Millionen Kilometer lange Reise zum Merkur geschickt und ihr Echo untersucht.

Das Projekt konnte zwar die Frage zur Dichte von Merkur nicht beantworten, aber die Wissenschaftler machten eine sensationelle Entdeckung: Auf schattigen Böden etli-

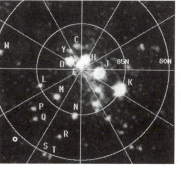 

Die hellen Flecken auf der Radarkarte (links) der Nordpolregion sind möglicherweise Eisvorkommen. Die Aufnahme des selben Gebietes von Mariner 10 (rechts) zeigt, dass diese Stellen mit Kratern übereinstimmen. Dort ist es wegen des permanenten Schattens kühl genug, dass sich Wassereis für lange Zeit halten könnte.

cher Krater an den Polen des sonnennächsten Planeten wurde Eis aufgespürt. Seine Herkunft ist rätselhaft, denn seine hauchdünne Atmosphäre enthält keinen Wasserdampf. Die Entdeckung ist umso erstaunlicher, weil die Tagestemperaturen bis zu plus 470 °C ansteigen, eine Temperatur, bei der sogar Metalle wie Zinn und Blei schmelzen.

ZUKÜNFTIGE MISSIONEN ZUM MERKUR

Heute denken ESA und NASA über neue Missionen zu Merkur nach. Sinnvoll wäre ein Satellit, der in eine Umlaufbahn um Merkur einschwenken würde, um ein Landegerät abzusetzen. Die Sonde sollte Gesteinsproben aufsammeln und zur Erde zurückbringen können. Dann könnten vielleicht einige Fragen zum Beispiel nach dem Ursprung des Eises in den Polregionen oder der hohen Dichte des Planeten beantwortet werden. Die ESA lässt zu diesem Zweck eine Untersuchung unter dem Projektnamen BepiColombo laufen.

MERKWÜRDIGER MERKUR

Merkur zeigt im Vergleich zur Erde ein kurioses Verhältnis von der Tages- zur Jahreslänge: Ein Tag ist doppelt so lang wie ein Jahr. Auf der Erde gilt: Ein Jahr ist die Zeit eines Umlaufes der Erde um die Sonne, ein Tag dagegen die Zeit einer Umdrehung der Erde um ihre eigene Achse.

Merkur aber bewegt sich viel schneller um die Sonne als um seine eigene Achse. So lässt sich das Kuriosum verstehen.

Die Illustration zeigt, wie man sich die kilometerlangen Rifftäler auf der Venus vorstellt.

Warum ist die Venus noch immer ein rätselhafter Planet?

Keine Spur von blauem Himmel! Hoch über der Venusoberfläche ist eine riesige, leicht orangefarbene Wolkenkuppel aufgespannt. Wenn es Morgen wird, strahlt die aufgehende Sonne die eine Hälfte der Wolkenkuppel an, während die andere noch im Dämmerlicht liegt. Dann werden die Wolken heller; die Leuchtdichte des Himmelsgewölbes gleicht sich langsam aus.

Die Venus könnte man zunächst als Schwesterplanet der Erde bezeichnen. Damit sollte eigentlich auch ihre Beschaffenheit im Wesentlichen ähnlich sein. Doch wie wir sehen werden, sind beide Planeten völlig unterschiedlich.

Wenn fünf Erdentage verstrichen sind, ist die Ortszeit auf der Venus nur um eine Stunde weitergerückt. Ein strahlender Sonnenaufgang wie wir ihn von der Erde kennen, wäre für einen Venusianer ein unbekannter Begriff. Kaum ein Sonnenstrahl vermag die 20 Kilometer dicke Atmosphäre zu durchdringen, weshalb es auf der Venus nie richtig Tag wird. Diese „dicke Luft" besteht größtenteils aus Kohlendioxid und Stickstoff. Wolken aus Schwefelsäure, ein Stoff, den wir Irdische in unsere Autobatterien füllen, treiben als Nebelschwaden durch diese Atmosphäre. Ein Jahreszeitenwechsel auf der Venus fehlt, weil ihre Polachse mit 3,5° nur unwesentlich gegen die Ebene der Umlaufbahn geneigt ist.

Für die Wissenschaftler blieb die Venus lange Zeit ein geheimnisvoller Planet, denn ihre dichte Atmosphäre verhinderte eine genaue Untersuchung der Beschaffenheit ihrer Oberfläche. Es gab immer wieder Anlass zu der Idee, dass auf der Venus Lebewesen zu finden seien. Pflanzen, Tiere, ja sogar Palmenstrände sollte es hier geben.

Einen richtig eindrucksvollen Einblick in die Gestaltung der Venusoberfläche lieferte erst die amerikanische Sonde Magellan. Von September 1990 bis Februar 1991 tastete sie von einer Venusumlaufbahn aus mit Radaraugen streifenweise die Oberfläche ab.

Strukturen der Oberfläche weisen auf ganz unterschiedliche Verhältnisse im Innern der Venus hin. So gibt es einerseits Hinweise auf ex-

ROTATIONSRICHTUNG

Wegen der im Gegensatz zur Erde gegenläufigen (= retrograden) Drehbewegung der Venus um ihre eigene Achse, geht die Sonne im Westen auf, also genau dort, wo sie auf der Erde untergeht.

TREIBHAUSEFFEKT

Ohne Gashülle müsste an der Oberfläche der Venus eine Temperatur von +5 °C herrschen. Doch das reichlich vorhandene Kohlendioxid und die Schwefelsäuretröpfchen, die den Planeten in seiner Atmosphäre umwabern, halten die Wärmestrahlung zurück. Diese Stoffe wirken wie ein Treibhaus und lassen die Temperaturen am Boden der Venus bis auf rund 500 °C ansteigen. So wird deutlich, warum sich Wissenschaftler wegen der Zunahme der Treibhausgase in unserer Atmosphäre um das Klima der Erde Sorgen machen.

Nahaufnahme der Venusoberfläche nach der Landung der russischen Sonde Venera 13. Die ausgeklappte Farbskala rechts zur Bestimmung der Echtfarben beweist, dass die Venusoberfläche wirklich eine braun-orange Färbung zeigt. Die scharfkantigen Steine deuten auf ein junges Alter der Planetenoberfläche hin.

Die Venus, aufgenommen von der Raumsonde Galileo.

trem dickflüssige Lavamassen. Sie scheinen aus der Venusoberfläche herausgedrückt worden zu sein und sitzen dort wie Wassertropfen auf einer fettigen Glasoberfläche. Diese „Dome" haben eine Höhe von rund 1 000 Metern und einen Durchmesser von rund 25 Kilometern. Massive Lavaausbrüche bildeten riesige Vulkane wie den 8 000 Meter hohen Maat Mons. Dazwischen liegen bizarr geformte Lavafelder und Rifftäler.

Gleichzeitig gibt es Anzeichen für extrem dünnflüssige Lava. Ströme von etwa 100 Kilometern Länge bei nur 0,1° Gefälle sind entdeckt worden. Dort müssen sich Lava oder flüssige Salze wie kochendes Öl ausgebreitet haben. Es gibt auch gigantische Kanäle: Der längste ist 1 800 Meter breit und mit seinen ungefähr 7 000 Kilometern länger als der Nil. So wie es auf der Venus aussieht, kann hier nur Lava und kein Wasser geflossen sein. Wie aber kann Lava so lange in Bewegung bleiben, ohne zu erstarren?

Massive Lavaausbrüche bildeten riesige Vulkankegel wie hier den Vulkan Maat Mons (Computerbearbeitete Radaraufnahme).

„Pfannkuchen" werden diese Gebilde aus dickflüssiger Lava genannt, die aus dem Inneren der Venus herausgedrückt wurden. Ihre Höhe beträgt rund 1 000 Meter.

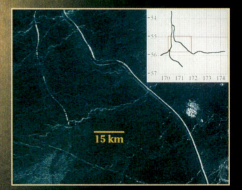

Gewaltige Lavakanäle durchziehen die Oberfläche der Venus. Die Aufnahme zeigt genau den Ausschnitt, der oben rechts durch den roten Rahmen eingegrenzt ist.

Wird der Mond bald ein Außenposten der Erde?

Nach der so Aufsehen erregenden ersten Landung auf dem Mond vor über 30 Jahren, für die der Mensch zum ersten Mal aus seiner irdischen Bezogenheit ausgebrochen ist und einen anderen Himmelskörper betrat, ist es um unseren Erdtrabanten recht ruhig geworden.

Heute denken die Weltraumspezialisten über den Mond als zukünftige Plattform zur Weltraumerkundung nach. Der Mond hat als erste Station des Menschen auf dem Weg ins All auch gegenüber der Internationalen Raumstation ISS (International Space Station) viele Vorteile. Er ist ja bereits vorhanden und muss nicht wie die ISS in mühevoller Arbeit zusammengesetzt werden. Von kleinen Mondbeben abgesehen ist er extrem stabil und eignet sich für bestimmte empfindliche Instrumente wie zum Beispiel Teleskope und Interferometer.

Die Pole des Mondes bieten einmalige Bedingungen: Die Rotationsachse des Mondes steht nahezu senkrecht zur Erdumlaufbahn. Das bedeutet, dass dunkle Zonen für lange Zeit dunkel und extrem kalt bleiben (kein Störlicht), was umgekehrt auch für erhöhte, von der Sonne bestrahlte Stellen gilt (günstig für die Energieversorgung).

Die der Erde abgewandte Seite des Mondes ist abgeschirmt von unseren künstlichen Radiostrahlenquellen. Auch schwächste Signale aus dem Weltall könnten dadurch ungestört empfangen werden.

Auf den Menschen wirkt bei 1/6 der Erdanziehungskraft auf dem Mond nur eine geringe Schwerelosigkeit. Die Astronauten müssten sich also nicht wie Hamster im Laufrad fit halten, wie es zum Beispiel an Bord der russischen Raumstation Mir notwendig war. Zum Trainieren ihrer Muskeln bräuchten die Bewohner der Mondstation nur extra schwere Raumanzüge tragen.

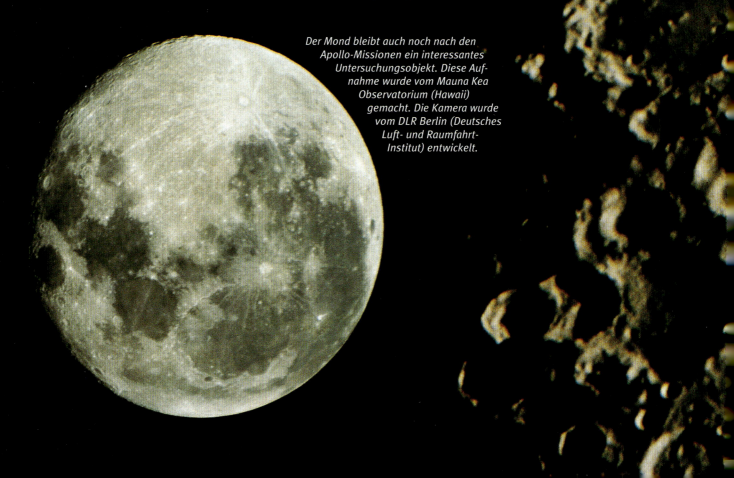

Der Mond bleibt auch noch nach den Apollo-Missionen ein interessantes Untersuchungsobjekt. Diese Aufnahme wurde vom Mauna Kea Observatorium (Hawaii) gemacht. Die Kamera wurde vom DLR Berlin (Deutsches Luft- und Raumfahrt-Institut) entwickelt.

Das Erde-Mond-Paar wie es von der Raumsonde Galileo auf ihrem Weg zum Jupiter gesehen wurde.

Obwohl die zur Erde mitgebrachten Apollo-Mondproben extrem trocken waren, haben die Sonden Clementine, 1994, und Lunar Prospector, 1998, Hinweise auf Eisvorkommen gegeben. Dies würde den Mond als „Raumstation" noch attraktiver machen. Wasser ist in vielerlei Hinsicht äußerst wertvoll; es kann unter anderem durch Spaltung in Wasserstoff und Sauerstoff als Treibstoff dienen. Während also jedes Gramm Wasser mit hohen Transportkosten zur ISS gebracht werden muss, soll es auf dem Mond Wasservorräte geben, die mehrere zehn Millionen Spaceshuttle-Ladebuchten füllen würden.

Wasser ist auch noch für ein ganz anderes Projekt besonders wichtig: Wo Wasser ist, kann sich der Mensch ansiedeln. Deshalb denkt man heute über Pläne einer Mondbesiedelung nach.

31. JULI 1999
Die erste Bestattung auf dem Mond ist erfolgreich verlaufen. Die NASA-Sonde Lunar Prospector schlug mit einer kleinen Ampulle Asche des verstorbenen Mond- und Kometenforschers Eugene Shoemaker planmäßig in der Südpolregion des Mondes auf.

Der Nachweis für Wasservorräte auf dem Mond gelang den Wissenschaftlern dabei jedoch nicht. Sie hatten gehofft, im Auswurf des Sondeneinschlages mit Spezialteleskopen Spuren von Wasser nachweisen zu können.

Visionäre Vorstellung einer Mondbasis. Da auf dem Mond eine schützende Atmosphäre fehlt, sind die Astronauten einer hohen Strahlenbelastung ausgesetzt. Deshalb müssten die Behausungen und Labors unter der Mondoberfläche angelegt werden.

Welche Aufgabe hatte die Viking-Sonde auf dem Mars?

Hoch am Himmel, der von dem aufgewirbelten Staub leicht rosa gefärbt war, stand hell die Sonne. Der Marssommer hatte auf der nördlichen Halbkugel seinen Höhepunkt erreicht; die Lufttemperatur war auf minus 20 °C angestiegen. Der Manipulator bewegte seine Schaufel mit dem aufgesammelten Staub in Richtung Einfülltrichter des automatisierten Biolabors. Der Vorgang wurde sorgfältig von einer Kamera überwacht, die ein Bild nach dem anderen zur Bodenstation auf der Erde funkte. Der Sand auf der Schaufel kam nun ins Rutschen und fiel endgültig in den Aufnahmetrichter. Nun wurde eine Apparatur automatisch aktiviert, die den Mars-

Bei dieser Aufnahme des Viking-Orbiters wird klar, warum man den Mars schon vor 4 000 Jahren als den „roten Planeten" bezeichnet hat. Seine Farbe erhält der Planet durch die Eisenoxidschicht seiner Oberfläche.

48

Auf der Plattform des Viking-Landegerätes befanden sich die Kamera, verschiedene Experimente und eine Parabolantenne. An der Seite sieht man deutlich den Greifarm, mit dem Bodenproben entnommen und in das winzige Testlabor befördert wurden.

BILDER VOM MARS

Erste Bilder der amerikanischen Raumsonden Mariner 4 und 9, die zwischen 1964 und 1971 zum Mars geschickt wurden, dämpften die Hoffnung auf intelligentes Leben. Ihre Aufnahmen zeigten einen kalten, unwirtlichen Planeten mit Wasser- und Trockeneisvorkommen an den Polkappen, einer dünnen Atmosphäre, roten Staubwüsten mit Felsengruppen und wild zerklüfteten Vulkanflanken mit riesigen Vulkankegeln.

LEBEN AUF DEM MARS

Chemische Elemente, die für das Leben wichtig sind, kann man auf der Marsoberfläche finden. Das sind Kohlenstoff, Stickstoff, Wasserstoff, Schwefel und Phosphor. Wasser könnte in Form von Eis (= Permafrost) unter der Oberfläche vorhanden sein. Dennoch gelang der Nachweis von Lebensspuren bis heute nicht.

staub nach möglichen Mikroorganismen untersuchen sollte. Das war am 22. Juli 1976 und das Landegerät war die amerikanische Sonde Viking 1.

Doch sowohl Viking 1 als auch die Schwester-Sonde Viking 2 fanden keinen Hinweis von Lebensspuren auf dem Mars.

Die Vorstellung von möglichem Leben auf dem Mars entstand schon gut 100 Jahre vor den Viking-Missionen, als der italienische Astronom Schiaparelli (1835–1910) durch sein einfaches Fernrohr Marskanäle zu erkennen glaubte. Nicht nur Laien, sondern auch Fachleute wie der amerikanische Astronom Lowell, brachten diese Kanäle in Zusammenhang mit künstlicher Bewässerung und hielten die Existenz von intelligentem Leben auf dem Mars für möglich. Erstaunlicherweise wurde diese Idee über 90 Jahre lang diskutiert, obwohl wiederum viele Wissenschaftler diese angeblichen Marskanäle stark anzweifelten.

Gibt es doch Leben auf dem Mars?

Die Diskussion um mögliches Leben ist damit nicht beendet, denn zwei Ereignisse haben den Wissenschaftlern wieder Mut gemacht, weiter zu suchen: 1996 wurden in einem kartoffelgroßen Meteoriten, der vom Mars stammen soll, winzig kleine, wurmartige Versteinerungen gefunden. Dieses Gebilde von etwa 380 Nanometer Länge halten manche Forscher für fossile Überreste bakteriel-

Der 1984 in der Antarktis gefundene Mars-Meteorit mit der offiziellen Bezeichnung ALH84001,0.

len Lebens. Andere Wissenschaftler glauben, dass es zufällig entstand und nicht biologischen Ursprungs sei.

Am amerikanischen Unabhängigkeitstag, dem 4. Juli 1997, hat die NASA punktgenau vor den Augen einer feiernden Nation ein technisches Gerät auf der Marsoberfläche platziert, an dem alles dran ist, was jedermann beeindruckt: ein ferngesteuertes Auto und Kameras für bewegte bunte Bilder – und das auf einer weit entfernten Planetenoberfläche. Die Mission der Raumsonde Pathfinder und seines kleinen Fahrzeugs Sojourner war ein voller Erfolg. Pathfinder fotografierte die Marsoberfläche und untersuchte die Atmosphäre. Der Mars-Rover analysierte die chemische Zusammensetzung von Steinen. Offensichtlich gab es auf dem Mars früher Gletscher und Schmelzwasserströme. Einige der untersuchten Felsen ähneln irdischem Gestein. Vermutlich war der Planet früher wärmer und feuchter. Eventuelle Lebensspuren waren allerdings auch diesmal nicht nachzuweisen.

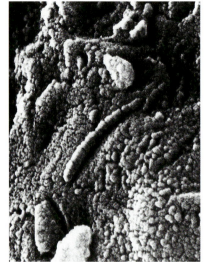 

Für Aufregung sorgten winzigste wurmförmige Strukturen im Meteoriten ALH84001,0. Über deren Bedeutung wird heute noch heftig diskutiert.

Auch diese Strukturen könnten nach Meinung einiger Experten durch einfache, bakterienähnliche Lebewesen zu Stande gekommen sein.

1999 wurde ein Raumsondenpaar zur Klimaerkundung und Erforschung der Staubstürme zum Mars geschickt. Ein System sollte dabei den Mars umkreisen, während der Partner auf der Oberfläche landet, nachdem er zuvor zwei Penetratoren abgesetzt hat.

Wird die Suche nach Leben auf dem Mars fortgesetzt?

Gerade ist der Mini-Rover Sojourner von der Rampe der Pathfinder-Sonde auf die Marsoberfläche gerollt und steuert jetzt verschiedene Gesteinsbrocken an, um sie chemisch zu untersuchen.

REISE MIT UMWEGEN

Der Weg des Mars-Meteoriten ist abenteuerlich: Vor rund 15 Millionen Jahren soll ein Meteorit mit dem Mars kollidiert sein. Dabei lösten sich Gesteinsbrocken. Einer davon segelte nun selbst als Mars-Meteorit anscheinend einige Zeit durch das Weltall und schlug wahrscheinlich vor etwa 13 000 Jahren am Südpol unserer Erde ein. 1984 packten ihn dort Wissenschaftler in eine Kühltasche und brachten ihn zur Untersuchung in das NASA-Labor in Houston.

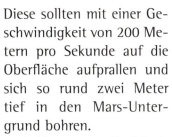

Diese sollten mit einer Geschwindigkeit von 200 Metern pro Sekunde auf die Oberfläche aufprallen und sich so rund zwei Meter tief in den Mars-Untergrund bohren.

Leider waren die Missionen ein Fehlschlag, denn beide Raumfahrzeuge gingen verloren. Die NASA muss nun ein neues Vorgehen erarbeiten.

Grundsätzlich sollen kleine Sonden, so genannte Mikrosysteme den Mars aufsuchen. Sie könnten wie ein Netzwerk über dem Planeten verteilt werden. Ihre Daten werden sie zu einem Orbiter in der Marsumlaufbahn funken, von dem sie dann zur Erde weitergeleitet werden. Dazu könnten zukünftig auch Ballons und ein Fluggerät namens Kitty Hawks mit bis zu 2,5 Metern Spannweite gehören. Damit will man der hundertsten Wiederkehr des ersten motorisierten Fluges der Brüder Wright gedenken.

Mit einem Flugzeug dieser Art ließen sich Kameras und eventuell ein Radarsystem über die Marsoberfläche transportieren, wie es weder per Sonden noch per Roboter möglich wäre.

Natürlich gibt es noch viele ungelöste technische Fragen wie zum Beispiel die bislang unerprobte Aerodynamik in äußerst dünner Atmosphäre. Kann man große, schnell drehende Propeller konstruieren, deren Spitzen sich schneller als Schallgeschwindigkeit drehen? Wie soll dieses Fluggerät starten? Eine Startbahn gibt es auf dem Mars nicht.

An der Jagd nach möglichen Lebensspuren sind aber nicht nur die Amerikaner beteiligt. Auch die Europäische Raumfahrtorganisation ESA hat mit Mars Express bereits eine ehrgeizige Mission erarbeitet. Die Oberfläche soll mit hochauflösenden Kameras fotografiert und mit einem Radarsystem nach vermuteten Eislagern abgesucht werden. Das kleine Landegerät Beagle II wird mit an Bord sein.

Mars Express (oben) und das Mars-Landegerät Beagle II (unten) werden beide von der Europäischen Raumfahrtorganisation ESA beziehungsweise Großbritannien entwickelt (Illustrationen).

Im August 1977 startete die NASA das Projekt „Voyager". So eine Mission lässt sich nur alle 175 Jahre durchführen, denn dann stehen die äußeren Planeten – Jupiter, Saturn, Uranus, Neptun – in einer so günstigen Position, dass eine Raumsonde sie nacheinander in „relativ kurzen" Zeitabständen besuchen kann. Der Raumsonde Voyager 2 gelang dieser sensationelle Marathon quer durch unser Planetensystem in rund zwölf Jahren.

Was macht die Gasriesen so interessant?

Jupiter war der erste Planet, den Voyager besuchte. Bereits durch das Fernrohr bietet das Farbenspiel der Jupiteratmosphäre einen faszinierenden Anblick. In den äquatorparallelen Streifen fällt eine ausgeprägte Struktur auf, die als Großer Roter Fleck bekannt ist. In diesem Oval rotieren Wolken aus Ammoniakschnee mit bis zu 500 km/h. Weshalb der Wirbelsturm auf der Stelle kreist, ist ebenso rätselhaft wie seine Ausdauer und die Quelle seiner

Schon von der Erde aus erkennt man das charakteristische Merkmal des Jupiters, den mehrfach erdgroßen Wirbelsturm in seiner Atmosphäre.

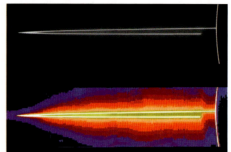

Ringsegment des Jupiters aufgenommen im sichtbaren Spektralbereich so wie wir es auch mit bloßem Auge sehen könnten (oben) und aufgenommen im infraroten Spektralbereich. Die Materie des Ringes heizt sich auf und ist im Kern wärmer als am Rand (unten).

RINGSYSTEM DES SATURN

Jedes der bisher entdeckten Ringsysteme der Planeten unseres Sonnensystems sieht anders aus, aber Saturn hat mit Abstand das komplizierteste. Es hat sozusagen von allem etwas und ist damit der „Urvater" aller Planetenringe.

Der Anblick des Jupiters wird durch die vielfältigen Strukturen seiner Atmosphäre geprägt.

Den Planeten Saturn erkennt man sofort an seinem Ringsystem. Es ist aus unzähligen Einzelringen zusammengesetzt und erinnert im Aussehen an eine alte Langspielplatte.

PLANETEN-MARATHON

Wir wollen uns nochmals die ungeheuere technische Leistung der Voyager-Sonde für die Wissenschaft bewusst machen: Unser während der langen Reisezeit veralteter Weltraumroboter hat eine Sendeleistung für das Absetzen von Daten zur Erde wie ein Walkie-Talkie. Seine Speicherkapazität an Bord ist vergleichbar mit der eines einfachen PCs zu Hause. Kein Mensch würde heute so ein Ding einsetzen! Dennoch haben wir mit diesem „Weltraum-Oldie" die bislang besten Aufnahmen von Saturn, Uranus und Neptun erhalten.

Energie: In den 300 Jahren, seitdem Astronomen diesen mehr als vierfach erdgroßen Wirbel beobachten, hat er sich kaum verändert. Er befindet sich auf der südlichen Hemisphäre (= Halbkugel) zwischen sich schnell bewegenden östlich beziehungsweise westlich verlaufenden Wolkenschichten. Diese gegenläufig wirkenden Kräften sollten ihn längst aufgelöst haben.

Jupiter ist elfmal größer als die Erde und 318 mal schwerer. Seine Masse ist dreimal größer als die Summe aller Planetenmassen zusammen. Seit die amerikanische Raumsonde Voyager Jupiter 1979 besucht hat, wissen wir, dass auch er einen Ring hat. Ursache dafür sind zum einen seine kleinen Monde, aus denen durch permanenten Beschuss kleiner, aber schneller Teilchen Bruchstücke herausgeschlagen werden. Zum anderen ist es Material, das von Vulkanen seines Mondes Io stammt. Die Vulkane von Io sind bis heute aktiv!

Hätten wir uns als Passagier an Bord der Raumsonde Voyager befunden und würden wir das Datum November 1980 schreiben, wären wir jetzt im Anflug auf unser nächstes Ziel. Unsere Sonde, die eher einer überdimensionalen Salatschüssel mit Spinnenbeinen ähnelt als einem futuristischen Raumfahrzeug, ist nun bereits vier Jahre unterwegs, als es **Saturn** mit einer Geschwindigkeit von 50 000 km/h (relativ zu Saturn) von Norden her erreicht.

Die Kameras zeigten gestochen scharfe Bilder eines filigranen Ringsystems, das an die Rillen einer Langspielplatte erinnert. Aus bislang sechs bekannten Ringen wurden Dutzende, Hunderte, Tausende. Am Ende war man des Zählens müde. Das Ringsystem hat einen Durchmesser von ungefähr 270 000 Kilometern. In einer Entfernung von 400 000 Kilometern von dem Planeten verliert es sich allmählich, ohne dass man eine genaue Grenze definieren kann.

Vorbei an Saturn flog Voyager Richtung **Uranus**. Er ist ein blaugrüner Planet ohne auffällige äußere Merkmale. Für die Wissenschaftler ist er deshalb besonders interessant, weil er Eigenheiten hat, die wir von keinem anderen Planeten kennen. Seine Rotationsachse ist um 98° gegen die Achse seiner Umlaufbahn geneigt, weshalb er sich wie ein Wagenrad abrollt. Kontrastverstärkte Bilder von Voyager zeigten bei ihm wie bei den anderen Gasriesen Ringe. Auch er wird von einer Vielzahl von Monden umkreist.

Seit der Entdeckung des **Neptun** im Jahre 1846 hatte er die Sonne auf seiner langen Bahn noch immer nicht ganz umrundet, als ihm zum ersten Mal ein menschengemachtes Objekt entgegenflog. Unsere Raumsonde Voyager ist nun seit zwölf Jahren mit rasender Geschwindigkeit im Weltraum unterwegs und nähert sich dem blauen Gasriesen. Über vier Stunden brauchen jetzt bereits die von der Sonde ausgesendeten mit Lichtgeschwindigkeit reisenden Funkwellen, um von den größten Bodenstationen der Erde empfangen zu werden.

Aus einer Höhe von nur 5 000 Kilometern zeigte Voyager einen detailreichen Blick auf die stürmische Neptunatmosphäre. Wolken aus fein verteilten Methan-Eiskristallen jagen mit Orkangeschwindigkeiten von bis zu 1 000 Kilometern pro Stunde

Die grünlich-blaue Farbe von Uranus wird durch das Gas Methan hervorgerufen, das sich in seiner Atmosphäre befindet.

Auch Uranus besitzt ein Ringsystem, das aus mindestens elf feinen Ringen zusammengesetzt ist.

RINGSYSTEME

Der Neptunring ist für die Wissenschaftler bis heute ein Rätsel. Normalerweise wird das Material der Ringe eines Planeten durch das Bombardement seiner kleinen Monde durch Mikrometeoriten geliefert. Beim Jupiterring zum Beispiel gibt es noch zusätzlich Auswurfmaterial von Vulkanen des Mondes Io. Bei Neptun dagegen kann man bis jetzt keine eindeutigen Quellen finden. Weisen die Verdickungen vielleicht auf eine Zerstörung von Monden hin?

Die Aufnahmen der Raumsonde Voyager zeigten, dass alle Gasriesen Ringe haben, die jeweils anders aussehen.

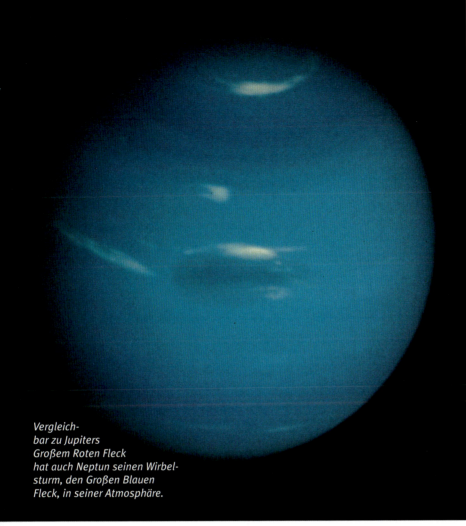

Vergleichbar zu Jupiters Großem Roten Fleck hat auch Neptun seinen Wirbelsturm, den Großen Blauen Fleck, in seiner Atmosphäre.

über den Globus. Woher der Planet trotz seiner großen Entfernung von der Sonne diese gewaltige Energie nimmt, ist noch rätselhaft.

Aus einem Sternbedeckungsexperiment von Neuseeland aus gab es bereits seit dem Jahre 1968 Hinweise auf ein Ringsystem des Neptun.

Es ist nicht einfach zu bestimmen, was wirklich passiert, wenn das Licht eines Sterns plötzlich „verschwindet". Man kann nicht eindeutig erkennen, ob es ein planeteneigener Mond ist, der sich vor das Licht des Sterns stellt, oder ob eine Wolke, ein Flugzeug oder gar ein Vogel den Strahlengang des Teleskops gerade kreuzt und so das Licht verdeckt. Die damaligen Messungen waren jedenfalls nicht eindeutig.

Erst die vor Ort Messung von Voyager brachte des Rätsels Lösung: Man sah letztlich dünne, feine Ringe, die aber einige Verdickungen aufwiesen. Sie bekamen den anschaulichen Namen „Ringwürste". Sie hatten die Lichtschwankungen damals verursacht.

Sollten die Verdickungen Reste eines zerstörten Mondes sein, so könnte man allerdings erwarten, dass sich diese Teile schon innerhalb einiger Tausend Jahre entlang des Ringes gleichmäßig verteilt haben. Warum sie über einen so langen Zeitraum stabil bleiben, ist den Wissenschaftlern bis heute ein Rätsel.

Der helle Neptun ist hier ausgeblendet, um jeweils die beiden dunklen Hälften seines Ringsystems sichtbar zu machen.

Oberfläche des vereisten Mondes Europa. Eisschollen scheinen wie bei einem Eismeer übereinander geschoben zu sein, was für einen Ozean unter dem Eispanzer spricht.

Was zeichnet die Mondwelt der äußeren Planeten aus?

Nicht nur die äußeren Planeten, sondern auch einige ihrer zahlreichen Monde wurden von Sonden fotografiert und analysiert.

Die etwas mehr als erdmondgroße **Io,** die den Jupiter umkreist, hat die Wissenschaftler besonders überrascht. Eigentlich sollte Io in so großer Entfernung von der Sonne schon längst ausgekühlt und erstarrt sein. Doch ihre aktiven Vulkane schleudern mit gewaltiger Energie noch immer eine Art Vulkanasche mit rund 1 km/h in den Raum. Dort werden die Teilchen durch Wechselwirkung mit dem Sonnenwind elektrisch geladen. Wie von einem riesigen Besen werden sie dann von Jupiters mächtigem Magnetfeld erfasst und auf eine Umlaufbahn gezwungen. Zusammen mit dem Staub kleiner Jupitermonde bilden sie die Materie des feinen Staubringes um Jupiter.

Es war kurz nach der Enthüllung der mutmaßlichen Marsfossilien, als die NASA mit einer weiteren Überraschung aufwartete: Verschiedene Untersuchungen legen nahe, dass **Europa,** ein weiterer Jupitermond, flüssiges Wasser oder matschähnliches Eis unter einem dicken Eispanzer ihrer Oberfläche haben könnte. Die wenigen Krater des Eispanzers sind ungewöhnlich flach. Das könnte ein Hinweis auf darunterliegendes Wasser sein. Wahrscheinlich sind die Krater un-

DER EUROPA-ORBITER

Heute planen Wissenschaftler der NASA zusammen mit Ozeanographen eine Mission zu Europa. Eine Sonde, der Europa-Orbiter, soll den Mond umkreisen.

Das Unterseeboot des Europa-Orbiters (Illustration)

Mit Hilfe seines Radarsystems soll er den Grund des eisigen Ozeans erkunden. Vorstellbar wäre eine Art Unterseeboot, das sich mit Hilfe der Wärme aus dem Zerfall radioaktiver Elemente durch den kilometerdicken Eispanzer hindurchschmelzen und den Ozeangrund erforschen könnte.

Die Raumsonde Galileo entdeckte den aktiven Vulkan Pillan Patera auf dem Jupitermond Io.

Die vier großen Jupitermonde Io, Europa, Ganymed und Kallisto (von oben nach unten). Deutlich sieht man, dass alle vier Monde unterschiedliche Strukturen aufweisen. Bevor Raumsonden diese Bilder machten, dachten die Wissenschaftler, dass die Monde dieselbe Entwicklungsgeschichte hätten und deshalb auch gleich aussehen würden.

Der Saturn-Orbiter Cassini zusammen mit der in eine goldfarbene Schutzfolie eingehüllten Sonde Huygens im Reinraum von Cape Canaveral. Huygens entstand unter Mitwirkung deutscher Wissenschaftler und Astrium im Auftrag der ESA.

mittelbar nach ihrer Entstehung mit Wasser vollgelaufen.

Schon die ersten Eindrücke gaben Anlass zu vielen Spekulationen über mögliche Tiefe und Beschaffenheit dieses „Ozeans". Auch hier stellen sich die Wissenschaftler die Frage, ob er vielleicht einfaches Leben beinhalten könnte.

Titan, einer von vielen Monden des Saturn, besitzt als einziger eine dichte Atmosphäre. Das ist für die Wissenschaftler sehr spannend, da aus ihrer Zusammensetzung Rückschlüsse auf die Atmosphäre der frühen Erde gezogen werden könnten. 1997 wurde die Raumsonde Cassini gestartet. Sie soll Saturn 2004 erreichen. Von ihr wird Huygens, eine raffinierte Atmosphärensonde, abgesetzt, die auf der Oberfläche von Titan landen soll. Während des Abstieges wird Huygens die dichte Atmosphäre chemisch untersuchen.

Was werden Cassini und Huygens alles sehen? Ein Mitreisender auf Huygens würde beim Anflug auf den Saturn zunächst den gigantischen Anblick des Ringsystems genießen, wo haus- bis berggroße Eis- und Gesteinsbrocken auf einer rund 400 000 Kilometer großen Trümmerstrecke Saturn umkreisen.

Dann würde er in einen orangefarbenen Nebel des Titan abtauchen, den zuvor noch niemand sah. Titan ist kleiner als der Mars und größer als der Merkur. Die Luft ist etwas dichter als die in unseren Wohnzimmern und der Druck ist etwa so groß wie am Boden eines

Der Saturnmond Titan hat eine dichte Atmosphäre, die von der Sonde Huygens durchflogen und dabei analysiert werden soll.

Schwimmbeckens. Die Sonne wird nie direkt gesehen, und während der Mittagszeit ist es allenfalls so hell wie auf der Erde bei Halbmond. Es ist nicht klar, ob er auf festem Land oder in einem Methansee landen wird. Eine Information darüber wäre dann auch die letzte Botschaft, die unser gedachter Trittbrettfahrer übermitteln könnte, bevor er erfrieren oder ersticken würde.

Die Aufnahme der Raumsonde Voyager zeigt deutlich die langen Gräben und Verwerfungslinien, die die Oberfläche des Mondes Triton überziehen. Am Südpol sind Spuren schwarzen Staubes aus den Eisvulkanen zu erkennen.

Der Neptun-Mond **Triton** fiel bisher nur als planetarer Geisterfahrer auf: Er ist der einzige Mond, der sich entgegengesetzt zur Rotationsrichtung der Planeten bewegt. Doch nicht nur deshalb ist er ein interessantes Objekt. Die Voyager-Sonde hat auch ihn bei ihrer Reise durch das Planetensystem untersucht.

Eigentlich hatte man eine seit langem erstarrte, langweilige Eiskugel erwartet. Doch zeigten die Aufnahmen eine unglaublich bizarre, vielfältig strukturierte Oberfläche unter einem durchsichtigen Dunstschleier. Die Farbskala reicht von rosa bis zu bläulichen Farbtönen, wie man sie sonst nirgends im Planetensystem sehen kann. Lange Gräben und Verwerfungsrillen überziehen die Kugel. Die von anderen Monden gewohnten Krater sind selten – ein Hinweis auf eine geologisch junge Oberfläche des Triton. In der Nähe des Südpols hat man Hinweise auf einen so genannten Eisvulkanismus entdeckt. Wie er wirklich funktioniert, weiß niemand so richtig. Man könnte es sich vielleicht wie eine Art Geysir vorstellen. Möglicherweise wird flüssiger Stickstoff hochgeschleudert, der dunkles Material wie Staub aus tieferen Schichten mitreißt. Dieses Gemisch wird dann von Südwinden weggetrieben und auf die Oberfläche des Triton „abgeregnet".

ENDE EINES MARATHON

Am 29. August 1989 kam es zur letzten der täglichen Pressekonferenzen auf dem Gelände der Jet Propulsion Laboratories (JPL) in Pasadena. Von dort aus wurde der gesamte Flug der Voyager Raumsonden gesteuert und kontrolliert. Irgendwie wollte es keiner wahrhaben, dass nun das unwiderrufliche Ende einer Ära von zwölf spannenden Jahren gekommen war.

Vier der größten Paneten unseres Sonnensystems hatten sich von diffusen Teleskopbildern in eigene Welten verwandelt, wie sie niemand in den kühnsten Träumen erwarten hatte. Oder waren vielleicht die unterschiedlichsten Monde das Größte, was uns Voyager bescherte?

JUPITERS GROSSE MONDE

Man stelle sich die Überraschung vor: Voyager 1 funkte die Bilder vom innersten Jupitermond Io, der aktive Vulkane aufwies, zur Bodenstation auf der Erde. Der zweite Mond, Europa, zeigte eine junge, glatte Eisoberfläche mit Rissen und nur ein paar Dutzend Einschlagskratern. Unter diesem Eispanzer soll sich ein Ozean befinden, in dem Lebensspuren vermutet werden. Sein Nachbar, Ganymed, überraschte mit überdimensionalen Furchen auf seiner Oberfläche. Sie deuten geologische Aktivitäten an. Nur der äußere von Jupiters großen Monden, Kallisto, hatte die stark vernarbte Oberfläche, die jeder erwartete.

EINGEFANGENE MONDE

Mit dem Hubble-Weltraumteleskop hat man nach weiteren Eiskörpern jenseits von Pluto gesucht und ist fündig geworden.

1997 ist es einer Gruppe von Astronomen gelungen, auch mit dem erdgebundenen Fünf-Meter-Teleskop auf dem Mount Palomar zwei bislang unbekannte Monde bei Uranus zu entdecken. Sie bewegen sich stark geneigt gegenüber der Äquatorebene des Planeten. Ihre stark elliptischen Bahnen weisen auf eingefangene Monde hin. Auffallend ist auch ihre rötliche Färbung, die man von Objekten im weiter außen liegenden Kuiper-Gürtel kennt.

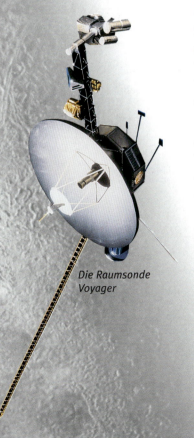

Die Raumsonde Voyager

Ist Pluto wirklich ein Planet?

Noch vor einigen Jahren hätte niemand diese Frage gestellt und auch heute sind sich die Wissenschaftler über eine Antwort noch nicht ganz einig.

Am Anfang des letzten Jahrzehnts haben Astronomen mit Hilfe des Hubble-Weltraumteleskops Körper außerhalb der Neptunbahn entdeckt, die zu klein für Planeten sind. In diesem Bereich, der auch Kuiper-Gürtel genannt wird, finden sich Kometen. Vielleicht ist auch Pluto, der im Jahre 1930 entdeckt wurde, gar kein richtiger Planet, sondern ein von außen eingefangener Eiskörper.

Seine Größe – er ist mit 2 600 km kleiner als unser Erdmond – und seine elliptische Bahn um die Sonne passen nicht in das Schema der übrigen Planeten. Schließlich hat er auch noch einen Mond, der halb so groß ist wie er selbst. Wegen der ungewöhnlichen Größenverhältnisse des Planeten zu seinem Mond kann man eigentlich von einem Doppelplaneten sprechen.

Pluto wurde noch nie von einer Sonde besucht. Ein Raumflug zu Pluto war bisher nur eine Notiz auf dem Wunschzettel der Planetenforscher, denn auch für Voyager lag Pluto nicht auf der Flugroute. Die besten Bilder konnte bisher nur das Hubble-Teleskop aufnehmen.

Nun könnte Pluto am einfachsten am sonnennächsten Punkt seiner elliptischen Bahn von einer Sonde erreicht werden. Geplant ist eine Mission mit zwei Sonden, deren Start im Jahr 2005 erfolgen soll.

Bei der Ankunft der ersten Sonde wird sich wegen der Sonnennähe auf Pluto eine dünne Methan- und Stickstoffatmosphäre ausgebildet haben. Wie dies genau geschieht, will man dann erkunden. Ebenfalls erforschen wollen die Wissenschaftler, warum Pluto fünfmal heller erscheint als sein nur 19 400 Kilometer von ihm entfernter Mond Charon.

Ab dem Jahre 2020 wird sich Pluto wieder so weit von der Sonne entfernt haben, dass die Atmosphäre wieder ausfriert und sich als Eis-

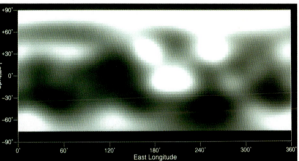

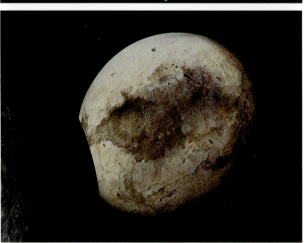

Oben: Die bisher besten Bilder von der Pluto-Oberfläche stammen vom Hubble-Teleskop, 1996. Sie zeigen einen Planeten mit ungewöhnlich starken Oberflächenkontrasten. Unten: Hier hat ein Illustrator versucht, nach den Bildern des Hubble-Teleskops Pluto (im Hintergrund) und seinen Mond Charon darzustellen.

film über die Oberfläche legt. Zwei Jahrhunderte lang wird es „Winter" sein und Forschungen unmöglich machen. Höchste Zeit also für einen baldigen Pluto-Besuch.

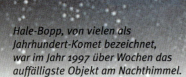

Hale-Bopp, von vielen als Jahrhundert-Komet bezeichnet, war im Jahr 1997 über Wochen das auffälligste Objekt am Nachthimmel.

Warum werden Kometen als „Brösel" der Schöpfung bezeichnet?

Wir kennen zwar die Urknalltheorie und haben eine mögliche Erklärung für die Entstehung des Planetensystems. Doch vieles bleibt nach wie vor unklar. Welche physikalischen Prozesse auf diesem grandiosen Bauplatz unseres Planetensystems wirklich abgelaufen sind, wissen wir nicht.

Mit der Untersuchung von Kometen verbinden die Wissenschaftler die vage Hoffnung, mehr aus der Kinderstube der Planeten zu erfahren.

Kometen bestehen weitgehend aus Eis und Staubteilchen, was ihnen auch die Bezeichnung „schmutziger Schneeball" einbrachte. In der Frühphase der Entstehung des Planetensystems soll das leicht flüchtige Material aus dem Zentrum der protoplanetaren Wolke in die Randlagen transportiert worden und ausgefroren sein.

Dieser Prozess könnte auch ein Grund sein, warum der innerste Planet Merkur eine ausgesprochen hohe Dichte hat, sich nach außen gasförmige Planeten wie Saturn und Jupiter mit riesigen Atmosphären anschließen,

Erste Aufnahme eines Kometenkerns: Die Kamera an Bord der europäischen Raumsonde Giotto erkennt den Kern des Kometen Halley.

während sich ganz außen Eiskörper wie die Kometen verfestigten. Sie könnten weit weg von der Sonne – sozusagen im Tiefkühlfach des Planetensystems – die chemischen Gegebenheiten der Anfänge des Sonnensystems bewahrt haben. Erst in diesem Jahrhundert wurde den Wissenschaftler bewusst, dass es sich bei den plötzlich aufleuchtenden Schweifsternen (= Kometen) am Himmel um solch wichtige Objekte handeln könnte.

Der Halleysche Komet nähert sich unserer Erde in regelmäßigen Abständen von 75 Jahren. Als er Mitte der 80er Jahre wieder auftauchte, war die europäische Sonde Giotto die einzige von vier Kometenmissionen, die sich bis auf 600 km dem Kometenkern näherte. Es wurden Bilder des Kometenkerns und seines Schweifes aufgenommen. Die chemische Analyse von Staubteilchen zeigte einen auffallend hohen Anteil an leichten Elementen. Überraschend war der Nachweis komplizierter organischer Moleküle, wie man sie eigentlich erst auf den Planeten findet.

Die Sonde Stardust wurde im Januar 1999 gestartet. In den ersten fünf Jahren ihres Fluges wird sie mit Fly-By-Manövern bei unseren Planeten Schwung holen. Verläuft der Flug problemlos, wird sie im Jahr 2004 auf den Kometen Wild-2 treffen.

Warum ist gerade dieser Komet so interessant? Seine Bahn lag bis 1974 jenseits des Jupiters, doch dann schleuderte ihn dieser Planet

Stardust unterwegs zum Kometen Wild-2. Deutlich ist der aufgerichtete Staubsammler zu erkennen (Illustration).

DER KOMET WILD-2

Halley hat die Sonne mehr als hundertmal umrundet, Wild-2 bislang nur fünfmal. Interessant ist er, weil er sich bis zu seinem nahen Vorbeiflug am Jupiter 1974 nur im äußeren Teil unseres Sonnensystems aufhielt.

Die Wissenschaftler hoffen deshalb, mit der Untersuchung der eingefangenen Kometenteilchen mehr über die „Urbausteine" unseres Planetensystems zu erfahren.

In welcher Mission ist Stardust unterwegs?

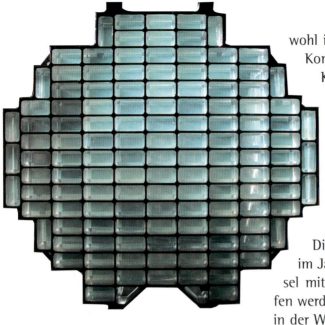

Die einzelnen Kammern des Staubsammlers sind mit einem superleichten Glasschaum ausgefüllt.

mit seiner Anziehungskraft auf eine Umlaufbahn näher zur Sonne. Er stammt also ursprünglich aus einem Bereich unseres Sonnensystems, in dem er sich seit seiner Entstehung nicht sonderlich verändert hat. Damit ist Wild-2 natürlich ein idealer Kandidat für wissenschaftliche Untersuchungen.

Mit einem schaumartigen Spezialmaterial (= Aerogel) wird Stardust sowohl interstellaren Staub als auch Kometenteilchen einsammeln. Keramikschutzschilde werden die Sonde und ihre Messinstrumente bei ihrem Vorbeiflug am Kometen vor Beschädigungen schützen. Der Staubsammler wird für den zweijährigen Rückflug in eine kegelförmige Kapsel eingezogen. Die Probenrückführung wird im Jahr 2006 erwartet. Die Kapsel mit den Proben soll abgeworfen werden und an einem Fallschirm in der Wüste von Utah landen.

Ende 2011: Im Zeitlupentempo nähert sich ein kleines Landefahrzeug dem gewaltigen Eisbrocken. Sofort schießen Harpunen in den tiefgefrorenen Untergrund und verankern drei Landefüße. Mehrere Kameras lichten das bizarre Panorama ab, Bohrer dringen in den Boden ein und befördern

> **Welches Reiseziel hat die Sonde Rosetta?**

WETTLAUF MIT DER ZEIT

Das Reiseziel von Rosetta ist der Komet Wirtanen. Er nähert sich bereits dem inneren Teil des Sonnensystem. Nun kommt es darauf an, dass die Sonde rechtzeitig fertiggestellt wird und der Start gelingt.

EISBLOCK ERZEUGT RÖNTGENSTRAHLEN

Am 27. März 1996 machte der deutsche Röntgensatellit Rosat bei seinem 32 000sten Umlauf um die Erde eine außergewöhnliche Entdeckung: Zum ersten Mal ist es den Astrophysikern gelungen, bei einem Kometen die Freisetzung von Röntgenstrahlen nachzuweisen.

Eigentlich sieht Rosat im Weltraum vor allem Objekte, die mindestens eine Million Grad Celsius heiß sind und deshalb Röntgenstrahlung aussenden. Um so mehr hat es jetzt verwundert, dass auch ein Komet, also ein schmutziger Eisblock im interplanetaren Gas, Röntgenstrahlung erzeugen kann.

Rosetta soll sich dem Kometen Wirtanen nähern und eine Landesonde für Detailuntersuchungen absetzen (Illustration).

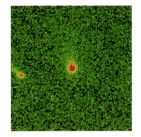 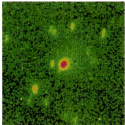 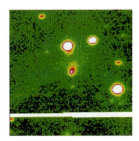 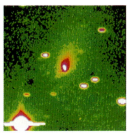 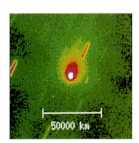

Die Bildfolge wurde von einem Wissenschaftlerteam der ESO/ESA zwischen Juli und Dezember 1996 aufgenommen. Deutlich ist zu sehen, dass bei gleicher Kameraeinstellung der Komet Wirtanen immer größer im Bild zu erkennen ist.

Proben in ein kleines Bordlabor. Rosetta heißt die bislang ehrgeizigste Weltraummission der europäischen Raumfahrtbehörde ESA, die das Landefahrzeug abgesetzt hat. Benannt nach dem Stein von Rosette, mit dessen Hilfe der französische Ägyptologe Jean-Francois Champollion (1790-1832) einst die Hieroglyphen entzifferte.

So soll auch diese Weltraummission ein Rätsel lüften. Rosetta wird einige hundert Millionen Kilometer von der Erde entfernt wissenschaftliche Detektivarbeit leisten: an dem Kometen Wirtanen.

Der Komet ist einer der wenigen, die mit heutiger Raketentechnik von der Erde aus zu erreichen sind. Aber selbst Rosetta schafft es nicht direkt. Das drei Tonnen schwere Vehikel wird mit einem Fly-By-Manöver um den Mars zusätzlichen Schwung holen. Auf ihrer Reise wird die Sonde außerdem die beiden Asteroiden Otawara und Siwa besuchen.

Das Landegerät ist gerade von der Sonde Rosetta auf dem Kometen Wirtanen abgesetzt worden (Illustration).

Der Griff nach den Sternen

Wie viele Sterne hat der Kosmos?

Dem flüchtigen Beobachter des Abendhimmels erscheinen die Sterne mit bloßem Auge nur als willkürlich verteilte Lichtpünktchen. Erst der Gebrauch von Fernglas und Teleskop eröffnet ihm Einzelheiten. Würden Außerirdische aus großer Entfernung auf unsere Sonne blicken, würden sie von unserem Sonnensystem nur ein Pünktlein am Himmel sehen, das sich erst beim näheren Betrachten in eine Sonne und ihre neun Begleiter auflösen ließe.

Beobachten wir von der Erde aus einen Lichtpunkt durch ein Teleskop, können wir erkennen, dass er sich aus einer Ansammlung von rund 10 000 weiteren Lichtpunkten zusammensetzt. Das bezeichnen wir als Galaxienhaufen. Wir können das Spiel weitertreiben, indem wir zu noch lichtstärkeren Teleskopen greifen. Dann würden wir entdecken, dass jeder dieser 10 000 Lichtpunkte sich wiederum aus rund 100 Milliarden Sternen zusammensetzt. Das nennen wir dann Galaxie.

Wir wissen es heute so wenig wie seinerzeit Wilhelm Hey, als er sein bekanntes Kinderlied dichtete „Weißt du wie viel Sternlein stehen", aber wir können zumindest eine Größenordnung abschätzen und haben dabei ein Gefühl für die Ungenauigkeit dieser Angabe: Wir gehen heute bei der Berechnung der Anzahl „himmlischer" Objekte davon aus, dass es rund 10^{25} Sterne im Kosmos gibt.

Die Plejaden sind ein Sternhaufen im Sternbild Stier. Im Zentrum liegt als Vierfachstern das hellste Objekt der Sternansammlung.

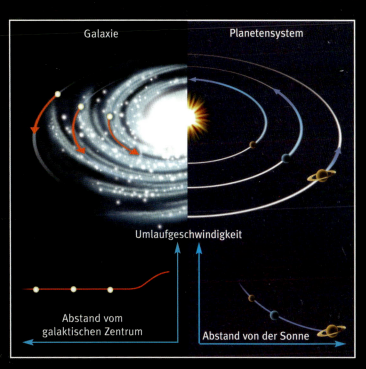

Alle Objekte in einer Galaxie bewegen sich mit gleicher Geschwindigkeit um das Zentrum. Im Planetensystem dagegen laufen die Planeten umso langsamer um die Sonne, je größer ihr Abstand zu ihr ist.

Was ist Dunkle Materie?

Verschiedene Beobachtungen am Sternhimmel legen den Schluß nahe, dass die sichtbare Materie, ob sie selbst als Stern leuchtet oder das Licht als Planet nur reflektiert, nur einen verschwindend kleinen Bruchteil der im Weltraum vorhandenen Materie darstellt. Die Werte liegen bei 5 bis 10 Prozent. Der Rest von mehr als 90 Prozent ist eine uns bislang unbekannte Materie, die so genannte Dunkle Materie, nach der man schon seit langem sucht. Man weiß aber nicht einmal sicher, woraus sie besteht; man weiß nur, welche Wirkung sie haben muss.

Über unser Planetensystem wissen wir, dass ein von der Sonne weiter entfernt stehender Planet langsamer um sie kreist als ein innerer Planet. Da die Gravitationskraft um so kleiner wird, je weiter man sich vom Zentrum entfernt, kann auch nur ein Körper mit kleinerer Fliehkraft oder Umlaufgeschwindigkeit auf einer von der Sonne entfernt liegenden Bahn stabil gehalten werden.

So hat zum Beispiel Saturn nicht nur einen weiteren Weg bei einem Umlauf um die Sonne zurückzulegen als die Erde, er ist obendrein auch noch langsamer. Genau das lassen auch die Newtonschen Bewegungsgesetze erwarten.

Wie verhalten sich Objekte in einer Galaxie?

Abgesehen von einem eng begrenzten Bereich um das Zentrum sind die Objekte einer Galaxie gleich schnell, unabhängig von ihrem Abstand zum Zentrum. Das müsste eigentlich nach den Gesetzen von Newton äußere Objekte veranlassen, aus ihrer Bahn um die Galaxie auszubrechen. Ihrer größeren Fliehkraft folgend müssten sie also nach außen wegfliegen. In Folge sollte sich die Galaxie langsam aber sicher auflösen. Da

h das
kop

▼ *Der Blick aus der Kabine des Spaceshuttles Discovery: Der Vollmond steht über der Erdkugel. Durch den Kontrast zur Schwärze des Alls wirkt er fast wie ein Loch im Bild. Am oberen Bildrand ist das Hubble-Weltraumteleskop zu sehen.*

Der Blick durc
Hubble-Telesk

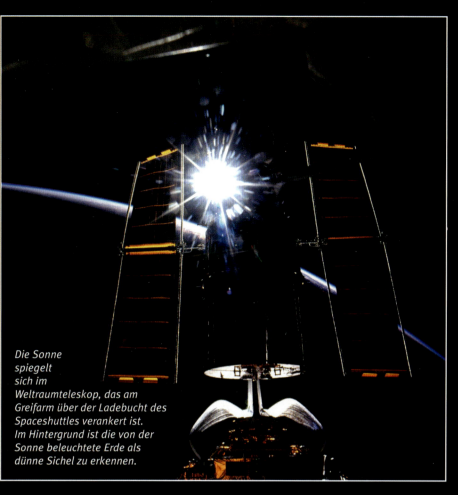

Die Sonne spiegelt sich im Weltraumteleskop, das am Greifarm über der Ladebucht des Spaceshuttles verankert ist. Im Hintergrund ist die von der Sonne beleuchtete Erde als dünne Sichel zu erkennen.

▶ *Bild einer kosmischen Katastrophe: Zwei Galaxien kollidieren miteinander.*

▼ *Auch wenn die Astronauten von noch so raffinierter Technik umgeben sind, rund um das Hubble-Teleskop gibt es eine einfache aber nützliche Reling, an der man sich wie auf einem Schiff festhalten kann.*

Von der Raumfähre Discovery aus sieht man sie nur als kleine Figuren: Die beiden Astronauten Steven L. Smith und John M. Grunsfeld arbeiten gerade am Austausch eines Gyroskops im Inneren des Teleskops.

◀ *Die Astronauten Grunsfeld (links) un ven L. Smith kurz v dritten und letzten E am Hubble-Telesko ihren Spaziergang i haben sie gerade be die Raumanzüge, di genannten Extrave Mobility Unit (EMU Suits, anzulegen.*

Die Reparatur des Hubble-Weltraumteleskops im Dezember 1999

◀ Vor einer Reparatur-Mission müssen die Astronauten jeden Handgriff, den sie später im All ausführen werden, in den Labors üben. Hier machen sie sich mit einer System-Einheit des Hubble-Teleskops vertraut, die sie während der Mission austauschen sollen.

▼ Der Astronaut C. Michael Foale bei einer Übung im Johnson Space Center, Houston, Texas. Um die Bedingungen in Schwerelosigkeit während der Reparatur des Teleskops außerhalb des Spaceshuttles zu simulieren, müssen die Astronauten an identischen Einheiten unter Wasser die Reparatur üben. Dazu werden sie in Raumanzüge gesteckt, die denen der Mission zwar sehr ähnlich aber natürlich auch „unterwassertauglich" sind.

Das Abzeichen für die Mission wurde von den Astronauten selbst entworfen. Es zeigt das Spaceshuttle Discovery und das Hubble-Weltraumteleskop.
Das Ziel der Mission war, veraltete Systeme des Teleskops durch neue, leistungsstärkere Einheiten zu ersetzen. Erneuert wurde auch die Außenisolierung, die neun Jahre den harten Bedingungen im All ausgesetzt war.

▲ Der Astronaut C. Michael Foale während einer Übung unter Wasser. Taucher helfen ihm bei seinem Training.

▼ Das Gruppenbild der sieben Astronauten (von links): C. Michael Foale, Claude Nicollier, Scott J. Kelly, Curtis L. Brown, Jean-Francois Clervoy, John M. Grunsfeld, und Steven L. Smith. Brown und Kelly waren Kommandanten und gleichzeitig die Piloten der Mission. Nicollier und Clervoy repräsentierten die ESA.

sie es wohl nicht tut, muss es eine Kraft – eine Art Klebstoff – für den Zusammenhalt der Galaxie geben. Genau diese Wirkung schreibt man der Dunklen Materie zu.

Wenn unser sichtbarer Kosmos nur 5 bis 10 Prozent der vorhandenen Materie ausmacht, so muss man folgern, dass der gesamte Kosmos nicht vom Licht, sondern von der Gravitation beherrscht wird. Gleichzeitig wird drastisch deutlich, wie vorläufig unsere Vorstellungen vom Kosmos sind, die sich nur auf die Beobachtung von 5 bis 10 Prozent der existierenden Materie beziehen.

Was wissen wir über Schwarze Löcher?

Unvorstellbar massereiche „kosmische Staubsauger", so schwer wie Milliarden Sonnen, rotieren in fernen Galaxien mit nahezu Lichtgeschwindigkeit, ohne von der Fliehkraft zerfetzt zu werden.

Ihre Anziehungskraft ist so gewaltig, dass sie alle Materie im Umkreis von Millionen von Kilometern an sich reißen. Sogar Licht wird von diesen „Monstern" so stark angezogen, dass es – einmal in seine Nähe

Ein Blick vom Rand in das Zentrum eines Schwarzen Loches. Man stellt sie sich als riesige Wirbel vor, die vom Zentrum aus einen starken Materiestrom (Jet) erzeugen können (Illustration).

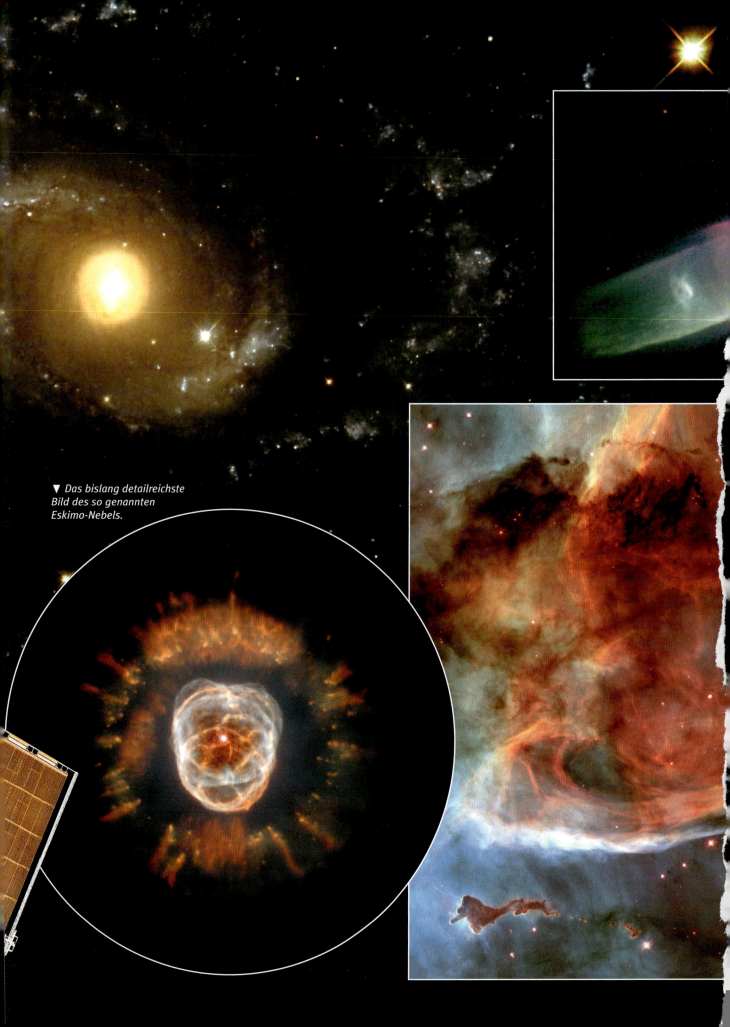

▼ Das bislang detailreichste Bild des so genannten Eskimo-Nebels.

Eta Carinae

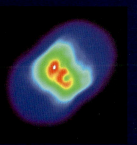

Im Bild links ist Eta Carinae als heller Punkt in unserer Milchstraße zu erkennen. Das rechte Bild, aufgenommen im Radiowellenbereich, zeigt eine große Gas- und Staubwolke um den Stern. Durch sein starkes magnetisches Feld wird die Wolke in zwei Blasen aufgeteilt. Jede Blase ist etwa so groß wie unser gesamtes Sonnensystem und dehnt sich mit einer Geschwindigkeit von ca. 600 000 km/h aus.

Der Stern Eta Carinae im Nebel Eta Carina ist eines der interessantesten und auch verblüffendsten Objekte unserer Milchstraße. Er wurde bereits 1677 von Sir Edmund Halley entdeckt und ist etwa 10 000 Lichtjahre von unserer Erde entfernt. Der Stern ist 150 Mal größer als unsere Sonne und strahlt vier Millionen Mal mehr Energie ab als diese. Erst mit dem Hubble-Teleskop konnten die Wissenschaftler das ganze Ausmaß seiner Erscheinung erkennen.

Eigentlich sieht Eta Carinae wie eine Supernova aus, die sich aufbläht und Unmengen an Material auswirft. Die Wissenschaftler hatten erwartet, dass sie wie alle Supernovä als Neutronenstern oder Schwarzes Loch enden wird. Das merkwürdige ist jedoch, dass Eta Carinae noch immer existiert, und keiner kann sich bis heute erklären warum.

Die Aufnahme mit dem Hubble-Teleskop (linkes Bild) stellt Eta Carinae in einer keulenförmigen Explosionswolke dar. Mit dem riesigen Röntgenteleskop Chandra der NASA können jetzt vergleichende Beobachtungen gemacht werden. Die Aufnahme (rechtes Bild) zeigt ein sehr heißes Zentrum mit einem weniger heißen inneren Bereich. Die hufeisenförmige, kühlere Struktur außen deutet auf eine frühere Explosion hin, die mindestens vor 1 000 Jahren stattgefunden haben muss.

▲ *Mit dem Teleskop werden immer neue planetarische Nebel entdeckt. Dieser wird Schmetterling-Nebel genannt.*

► *Das Herbig-Hario-Objekt HH111: Ein spektakulärer Gasjet von 12 Lichtjahren Länge wird von drei Sternen (unten) erzeugt.*

◄ *Der Schlüsselloch-Nebel zeigt neben seinem Zentrum abgelöste Gas-Staubgebilde. Wissenschaftler nehmen an, dass sich daraus neue Sterne bilden können.*

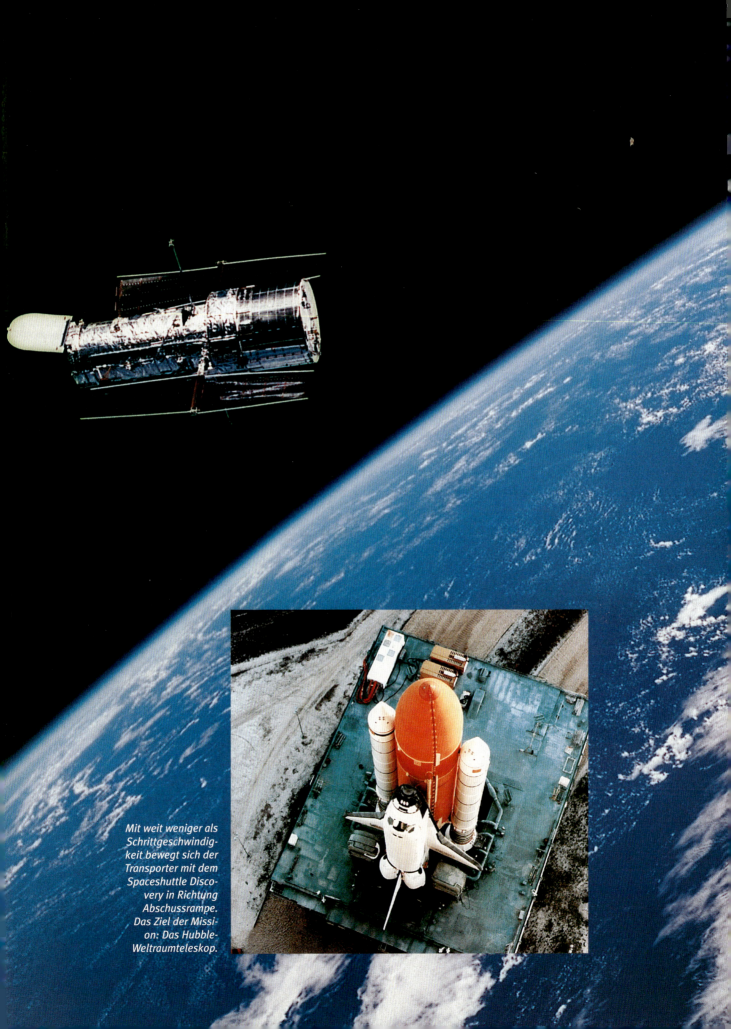

Mit weit weniger als Schrittgeschwindigkeit bewegt sich der Transporter mit dem Spaceshuttle Discovery in Richtung Abschussrampe. Das Ziel der Mission: Das Hubble-Weltraumteleskop.

Der englische Physiker, Mathematiker und Astronom **Sir Isaac Newton** (1643 - 1727) wurde vor allem durch seine mathematischen Prinzipien der Naturlehre berühmt. Bereits 1666 formulierte er das Gravitationsgesetz. Damit konnte er die Bewegung der

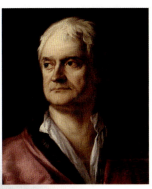

Planeten um die Sonne und die Erscheinung von Ebbe und Flut erklären und die Masse des Mondes und der Planeten berechnen.
Die Gravitation ist die Kraft, die alle Massen aufeinander ausüben (= Massenanziehung). Sie hält zum Beispiel alle Planeten auf ihrer Bahn um die Sonne.

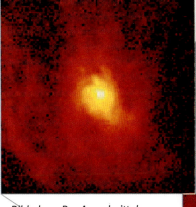

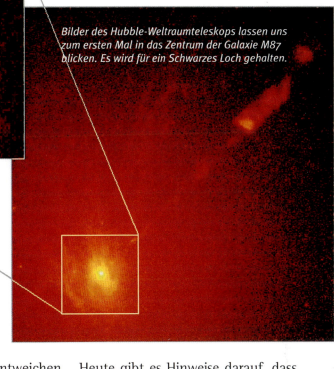

Bild oben: Der Ausschnitt des Zentrums zeigt zur Überraschung der Astronomen, dass inmitten einer elliptischen Galaxie eine ausgeprägte Spiralstruktur vorliegt.
Bild rechts: Die „Knoten" des überdimensionalen Jet haben etwa eine Größe von 10 Lichtjahren.

Bilder des Hubble-Weltraumteleskops lassen uns zum ersten Mal in das Zentrum der Galaxie M87 blicken. Es wird für ein Schwarzes Loch gehalten.

geraten – nicht mehr entweichen kann. Das bedeutet, dass das Objekt auch keinerlei Strahlung mehr aussendet; es wird für den Beobachter einfach schwarz, woher es auch seinen Namen hat.

Was sich wie Sciencefiction anhört, konnte durch Beobachtungen mit dem Hubble-Weltraumteleskop zumindest indirekt bestätigt werden.

Heute gibt es Hinweise darauf, dass sich auch ganz in unserer Nähe ein Schwarzes Loch befindet, nämlich im Zentrum unserer Milchstraße.

Können wir Schwarze Löcher nachweisen?

Der Nachweis gelingt indirekt durch die Messung von Masse, die mit hoher Geschwindigkeit um ein Zentrum umläuft. So wurden zum Beispiel bei der Galaxie M87 Rotationsgeschwindigkeiten von 550 km/s festgestellt. Damit ihre Gas-Staubscheibe so schnell rotieren kann, muss sie über die Schwerkraft einer gigantischen Mas-

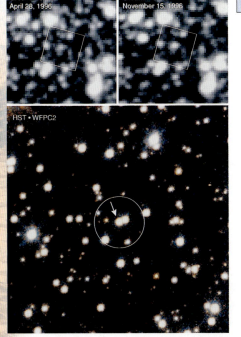

Ein Schwarzes Loch zieht vor einem Stern vorbei und bündelt dessen Licht kurzfristig, sodass der Stern heller erscheint (= Effekt einer Gravitationslinse):
Bilder oben: Deutlich ist das Hellerwerden des Sterns zwischen April und November 1996 zu erkennen (gesehen durch ein erdgebundenes Teleskop).
Bild unten: Das Hubble-Teleskop zeigt das Ereignis deutlicher. Das Schwarze Loch bündelt das Licht des Sterns (siehe Pfeil).

se gehalten werden. Dabei geht man von einem zentralen Objekt aus, welches drei Milliarden Sonnenmassen innerhalb eines Gebiets von der Größe unseres Sonnensystems enthält. Das kann nach unserem heutigen Wissen nur ein Schwarzes Loch sein.

Astronomen haben noch eine weitere indirekte Nachweismethode für Schwarze Löcher entdeckt. Sie suchen nach kosmischen Trugbildern. Nach der Relativitätstheorie von Einstein wird Licht, das dicht an einem massereichen Objekt vorbeikommt, abgelenkt und gebündelt (= fokussiert). Es wirkt dadurch vorübergehend heller als vorher. Dies konnte bei der Sonnenfinsternis 1999 beobachtet werden. Das Schwarze Loch wirkt also wie eine Linse (= Effekt einer Gravitationslinse). Entdeckt man am Sternenhimmel also ein Objekt, das heller wird und später an Leuchtkraft wieder verliert, könnte ein Schwarzes Loch an ihm vorbeigezogen sein.

Was verstehen wir unter einem Ereignishorizont?

Schwarze Löcher haben einen Ereignishorizont. Diesen kann man sich wie eine kugelförmige Grenzfläche um das Schwarze Loch vorstellen, von der aus sich auch kein Licht mehr entfernen kann. Das Licht wird so stark umgelenkt, dass es auf eine gebundene Bahn gezwungen wird, den Ereignishorizont.

Dies hat unter anderem zur Folge, dass jenseits dieser Grenze eine Welt beginnt, von der wir grundsätzlich keine Botschaft erhalten können. Ein Vorhof zum Nichts? Es ist jedenfalls eine „Art Jenseits" inmitten unserer sichtbaren Welt.

Materie in der Umgebung Schwarzer Löcher wird von der ungeheuren Gravitationskraft angezogen. Bei gegenseitigen Zusammenstößen wird ein Teil der enormen Bewegungsenergie in Strahlungsenergie umgewandelt, zum Beispiel in Röntgen- oder Gammastrahlen. Wissenschaftler hoffen nun, mit Hilfe der neuen Röntgensatelliten wie XMM und Chandra diese Strahlung nachzuweisen und damit weitere Schwarze Löcher aufzuspüren.

SCHWARZE LÖCHER

Schwarze Löcher haben ihren Namen daher, dass sie sogar Licht verschlucken können. Da wir nur Gegenstände sehen können, die entweder Strahlung reflektieren oder selbst aussenden, bleiben Schwarze Löcher für uns unsichtbar.

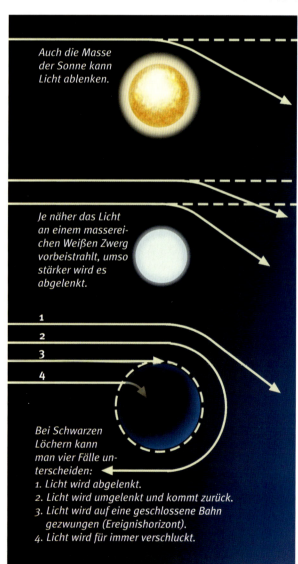

Auch die Masse der Sonne kann Licht ablenken.

Je näher das Licht an einem massereichen Weißen Zwerg vorbeistrahlt, umso stärker wird es abgelenkt.

Bei Schwarzen Löchern kann man vier Fälle unterscheiden:
1. Licht wird abgelenkt.
2. Licht wird umgelenkt und kommt zurück.
3. Licht wird auf eine geschlossene Bahn gezwungen (Ereignishorizont).
4. Licht wird für immer verschluckt.

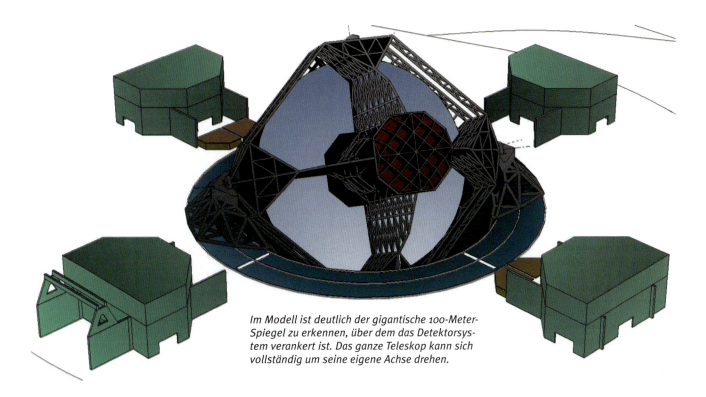

Im Modell ist deutlich der gigantische 100-Meter-Spiegel zu erkennen, über dem das Detektorsystem verankert ist. Das ganze Teleskop kann sich vollständig um seine eigene Achse drehen.

DIE NEUEN TELESKOPE

Das Overwhelming Large Telescope (OWL) wird mit 100 Mal der Fläche des Keck-Teleskops und 40 Mal der Auflösung von Hubble alles bisherige weit übertreffen. Es wird den Wissenschaftlern helfen, die Sternentstehung und die Entwicklung der Galaxien besser zu verstehen.

Wie soll das größte Teleskop der Welt aussehen?

Heute werden riesige Teleskope mit raffiniertester Elektronik ausgestattet. Mit ihrer Hilfe versuchen die Wissenschaftler selbst aus wenigen Photonen oder Lichtquanten – also den Teilchen des Lichts – noch aussagekräftige Daten zu erlangen.

Fußballfeldgroße Radioteleskope sammeln Nachrichten aus Gegenden des Universums, in denen es für das menschliche Auge finstere Nacht ist. Das bereits riesige Hubble-Weltraumteleskop zeigt klare Strukturen, wo vorherige Teleskope nur verschwommene Lichtflecken erkennen ließen.

Doch auch unsere heutigen hochmodernen Teleskope sind noch lange nicht am Ende ihrer Entwicklungsmöglichkeiten angelangt.

Wir schreiben das Jahr 2016: In einsamen Höhen auf dem Plateau eines Berges bewegt sich ein titanisch großes Teleskop unter dem von Sternen glitzernden Himmel. Allein sein lichtsammelnder Spiegel ist nahezu so groß wie ein Fußballfeld und die Teleskopstruktur ist mit 135 Metern halb so hoch wie der Eiffelturm.

In den letzten Nächten hat das 40 000-Tonnen-Ungetüm detaillierte Oberflächenkarten der sonnennächsten Sterne aufgenommen und ermittelte die chemische Zusammensetzung extrasolarer Planeten, also Planeten außerhalb unseres Sonnensystems. In dieser Nacht wird es Sterne

Halb so groß wie der Eiffelturm – auch das ist noch riesig. So groß ist der Aufbau des OWL-Teleskops geplant.

75

Aufnahme mit einem 8-m-Teleskop

Aufnahme mit dem Hubble-Teleskop

Aufnahme mit dem VLT

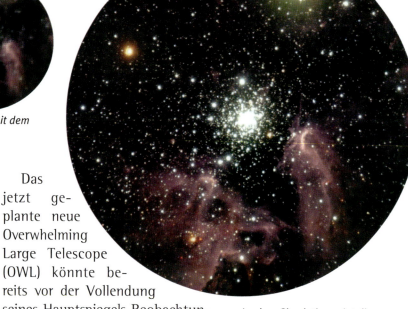
In einer Simulation zeigt dieses Bild wie extrem hoch die Auflösung durch das OWL-Teleskop sein würde.

am Rande des uns bekannten Kosmos ins Visier nehmen.

Heute erscheint uns diese Vorstellung noch als eine astronomische Fantasterei, jedoch gibt es bei der ESO in Garching bei München bereits ein Team, das an der Konzeption eines solchen Giganten arbeitet.

Bislang ist das Keck-Teleskop auf Hawaii mit einem 10-Meter-Spiegel das größte erdgebundene Teleskop, das den für uns sichtbaren Bereich der elektromagnetischen Strahlung auswertet. Im Vergleich dazu hat das schon riesig aussehende Hubble-Weltraumteleskop nur einen Spiegel mit einem Durchmesser von 2,4 Metern.

Das jetzt geplante neue Overwhelming Large Telescope (OWL) könnte bereits vor der Vollendung seines Hauptspiegels Beobachtungen durchführen. Es ist sozusagen ein Teleskop, das wachsen kann, und in jeder Ausbaustufe einsetzbar ist. In seinem endgültigen Zustand soll es eine so große Auflösung haben, dass sich zwei Münzen auf eine Entfernung von 1 000 Kilometern noch getrennt wahrnehmen lassen.

Kleine Geschichte der erdgebundenen Teleskope:

- **1908:** 2,5 Meter Teleskop auf dem Mount Wilson in Kalifornien
- **1948:** 5 Meter Teleskop des Palomar Mountain in Kalifornien
- **1994:** 10 Meter Keck-Teleskop auf dem Mauna Kea auf Hawaii
- **2000:** 4 x 8,2 Meter VLT (Very Large Telescope) in Chile
- **2016:** 100 Meter Overwhelming Large Telescope (geplant)

Schon die Spiegel der Teleskope, mit denen heute der Kosmos beobachtet wird, wirken auf uns riesig. Denken wir nur an das Hubble-Teleskop, das Very Large Telescope (VLT) in Chile oder auch das Keck-Teleskop auf Hawaii und das Extremely Large Telescop (ELT, geplant). Doch im Vergleich dazu ist das geplante OWL-Teleskop wirklich gigantisch.

Der Bremer Arzt und Astronom Wilhelm Olbers (1758 - 1840)

Der Kosmos – Unbegrenzt aber doch endlich?

Es gibt Flächen, die diese Bedingung erfüllen. Denken wir an einen Ball. Seine Kugeloberfläche hat keine Grenze, sie ist aber endlich. Dies ist ein Sonderfall dessen, was im Kosmos vorliegen könnte: Der Weltraum hätte keine Grenze, ein Raumschiff könnte, wenn es geradeaus fliegt, nie an eine Grenze stoßen. In diesem geschlossenen System würde es irgendwann wieder an seinem Ausgangspunkt zurückkommen, der Raum wäre also endlich.

Hat das Weltall eine Grenze?

Vor rund 2 000 Jahren schien diese Frage sicher beantwortet werden zu können: Für die Menschen damals stand die Erde im Mittelpunkt des Alls. Um sie drehten sich auf verschiedenen Sphären die Planeten. Im Bild dieser geozentrischen Welt war das Ganze von einer Kugel umgeben, an der Fixsterne „fixiert" waren. Diese Fixsternsphäre war seit ewigen Zeiten die Grenze des Alls, hinter der sich allenfalls die göttliche Sphäre befand.

Nicht nur der bekannte Bremer Arzt und Astronom Wilhelm Olbers (1758 – 1840) glaubte damals sogar Beweise für die Endlichkeit des Alls gefunden zu haben. Wäre nämlich das Universum unendlich groß, so müsste in jeder beliebigen Blickrichtung ein Stern liegen. Zwischen den Sternen dürfte es keine dunklen Lücken geben.

Stelle dir vor, du stehst in einem ausgedehnten Wald. Wohin du auch siehst, in jeder Richtung steht ein Baum, sodass es keinen Zwischenraum zum Hinausblicken mehr gibt. Im Falle eines unendlichen Universums müsste der ganze Himmel dann eine gleißend helle Feuerwand sein. Die Nacht wäre schließlich so hell wie der Tag.

Da dies offensichtlich nicht der Fall ist, musste nach Olbers die Sternenwelt begrenzt sein. Durch die dunklen Lücken zwischen den Sternen konnte man nach seinen Vorstellungen hinter die Sternenwelt sehen.

Doch ist der Kosmos wirklich endlich? Eine Grenze im Kosmos würde dem bislang bewährten kosmischen Prinzip widersprechen. Es besagt, dass im Großen und Ganzen jede Region des Alls gleichberechtigt ist. In welche Richtung wir auch blicken, sollten wir im Schnitt überall gleich viele Sternensysteme finden und die gleichen Gesetze sollten überall herrschen. Kein Raumgebiet und keine Richtung sollten bevorzugt sein. Eine wie auch immer geartete Grenze würde gegen diese Regel verstoßen.

Auch heute können die Wissenschaftler die Frage nach der Grenze des Alls nicht genau beantworten.

Wie eine Rosine im Hefeteig

Nach dem Urknallmodell bewegen sich nicht die Galaxien voneinander weg, sondern der masselose Raum zwischen den Galaxien dehnt sich aus. Da er masselos ist, könnte er sich nach Einstein mit Lichtgeschwindigkeit ausdehnen. Die Galaxien würden so mitgetragen und eine Grenze des Raumes wäre möglicherweise nicht definitiv auszumachen. Das ist keine Spitzfindigkeit, sondern ein fundamentaler Unterschied. Man kann sich das Ganze mit einem Rosinen durchsetzten Teig klarmachen: Beim Backen driften nicht die Rosinen auseinander, sondern der sich ausdehnende Hefeteig trägt die Rosinen mit sich.

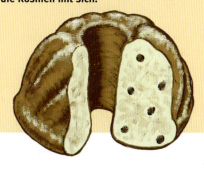

Illustration einer Raumkrümmung durch ein massereiches Objekt

Begrenzt die Raumkrümmung das Weltall?

Die Gesetze der Physik besagen, dass große Massen den Raum verbiegen können. Die Stärke der Krümmung hängt wiederum von der Materiedichte im Raum ab: Übersteigen die Massen des Raumes einen bestimmten kritischen Wert, so wird die Ausdehnung des Raumes eher gestoppt, er wird also endlich. Wäre die Dichte kleiner, so würde der Raum offen und unendlich groß sein.

Wir wissen nicht, ob die Massendichte im gesamten Weltall groß genug ist, die Ausdehnung zu stoppen. Wir kennen aber Beispiele aus dem All für Raumkrümmungen. So können Schwarze Löcher nachweislich mit ihrer großen Masse die Raumstruktur verbiegen.

Folgen wir der Urknallvorstellung, könnte eine Grenze des sich ausdehnenden Kosmos dort liegen, wo sich Galaxien mit Lichtgeschwindigkeit von uns entfernen. Richtig ist, dass dort zwar unser Beobachtungshorizont enden würde, aber nicht notwendigerweise das „Ende der Welt" ist. Wir könnten es nur nicht wahrnehmen, denn von Galaxien mit Überlichtgeschwindigkeit könnten wir eben grundsätzlich kein Licht empfangen.

Nach der Relativitätstheorie dürfen sich zwar Massen nicht mit Lichtgeschwindigkeit bewegen, aber masselosen Phänomenen – wie dem Raum – sind keine derartigen Grenzen gesetzt.

FREMDE PLANETEN

Im Oktober 1995 entdeckten Michel Mayor und Didier Queloz von der Sternwarte Genf den ersten Planeten, der einen sonnenähnlichen Stern – 51 Pegasi – umkreist. In der folgenden Zeit wurden auch von anderen Wissenschaftlern weitere Planetenkörper entdeckt, die ebenfalls sonnenähnliche Sterne umrunden.

Kein Platz für Außerirdische?

Wir schreiben ein neues Jahrtausend und die Bewohner des Planeten Erde haben noch immer keinen Kontakt zu anderen Lebensformen im Universum. Doch erstaunlicherweise zweifelt kaum einer daran, dass es da draußen noch andere gibt, Außerirdische, Aliens, ETs, oder kleine grüne Männchen. Die Vorstellung im All alleine zu sein, erscheint den meisten Erdlingen unerträglich.

Heute wird von rund 100 Milliarden Sternen nur in unserer Heimatgalaxie gesprochen. Ebenso viele Galaxien soll es im für uns sichtbaren Kosmos geben. Wir können uns nur schwer vorstellen, dass es bei so vielen Sternen nicht auch noch weitere erdähnliche Planeten geben sollte.

Die Schwierigkeit ist, dass die fremden Planeten mit unseren im Moment genutzten Teleskopen nicht gesehen werden können, da sie zu klein sind. Es gibt aber einen indirekten Nachweis für sie.

Immer häufiger entdecken Astronomen beim genauen Vermessen von Sternpositionen, dass diese ein wenig hin und her schlingern, also nicht genau ihre Position halten. Computerrechnungen liefern dazu eine Erklärung: Planeten umkreisen diese Sterne und lassen sie durch ihre Anziehungskraft nahezu unmerklich mitschwingen.

Immer mehr Wissenschaftler und Hobby-Astronomen beteiligen sich heute an der Suche nach extrasolaren Planeten. Doch bis jetzt wurden nur sehr massereiche Planeten nachgewiesen, die mit kurzer Umlaufzeit sehr nahe ihren Stern umkreisen.

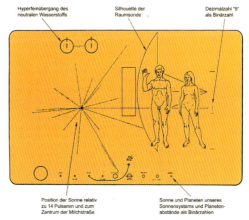

Die Plakette an der Raumsonde Pioneer 10 (oben) und die vergoldete „Schallplatte" an der Voyager-Raumsonde (links) sollen möglichen Außerirdischen eine Botschaft über die Menschen, die Erde und unser Sonnensystem vermitteln.

Das ist kein Zufall, denn durch die Nähe und Größe des Planeten wird die Position des Sterns stark genug gestört, sodass man dies gut beobachten und messen kann. Viel schwieriger ist es, einen Planeten mit jupiterähnlichem Abstand zur Sonne und langsamen Umlauf zweifelsfrei zu identifizieren.

Ob man auf den bisher entdeckten Planeten jemals Leben

79

nachweisen kann, bleibt fraglich. Sie kreisen meist in auffallend kleinem Abstand um den Zentralstern. Das heizt die Planeten – wie wir es schon von Merkur her kennen – derart auf, dass Lebensspuren nicht zu erwarten sind.

Viele grundsätzliche Konstanten der Natur sind gerade so angelegt, dass sie Leben auf unserer Erde erlauben.

Leben wir in einem Universum nach Maß?

Selbst kleine Änderungen dieser Konstanten würden Leben unmöglich machen. Sind nun diese Regeln und Naturgesetze nur durch Zufall entstanden? Zunehmend viele Wissenschaftler sagen, dass dem Universum ein Plan zugrunde liegt. Man spricht hier von Design-Merkmalen.

An einem einfachen Beispiel können wir uns die Frage nach Zufall oder nicht noch einmal verdeutlichen: Angenommen, man fände irgendwo in der Wüste eine Uhr. Beim näheren Betrachten bemerkt man die komplizierte Organisation ihrer Teile und wie sie alle zusammenarbeiten.

Selbst wer niemals eine Uhr gesehen und keine Idee von ihrer Funktion hätte, würde doch allein durch Betrachten der Abläufe auf den Gedanken kommen, sie habe einen intelligenten Urheber und sie sei für einen bestimmten Zweck gebaut worden. Bei dem unendlich komplizierter aufgebauten Universum müsste sich die Frage nach dem Urheber daher noch mehr aufdrängen.

Ein halbes Jahrhundert war der amerikanische Astronom Allan Sandage den Geheimnissen des Universums auf der Spur. Aber auch er als brillianter und nüchterner Wissenschaftler sagt: „Die Erforschung des Universums hat mir gezeigt, dass die Existenz von Materie ein Wunder ist, das sich nur übernatürlich erklären lässt."

Der Schweizer Astronom Gustav Tammann äußert sich noch deutlicher: „Wer klar bei Verstand ist, kann die Möglichkeit eines Schöpfers nicht ernsthaft ausschließen."

BLOSSER ZUFALL?

Schon immer hat die Ordnung der Natur mit ihrer Vielfalt, Majestät und Raffinesse den Menschen tief beeindruckt. Die Gesetze der Planetenbahnen, die Regelmäßigkeit der Jahreszeiten, die Struktur der Schneeflocke, die perfekte Anpassung der Lebewesen an ihre jeweilige Umwelt, all diese Dinge scheinen zu gut geordnet zu sein, als dass sie bloßer Zufall sein können.

Goldstone Radioteleskop, Kalifornien, USA: Mit dieser Radioantenne wird der Kosmos auch nach außerirdischen Funksignalen abgesucht.